d

de travaux

CHEZ LE MÊME ÉDITEUR

B. DE POLIGNAC, J.-P. MONCEAU. – **L'expertise immobilière**
N° G06815, 2000, 456 pages.

P. GÉRARD. – **Pratique du droit de l'urbanisme**
Urbanisme réglementaire, individuel et opérationnel.
N° G11008, 2001, 3e édition, 248 pages.

P. GRELIER BESSMANN. – **Pratique du droit de la construction**
Marchés publics et privés
N° G11007, 2001, 2e édition, 444 pages.

B. QUIGNARD. – **Ascenseur et copropriété**
N° G6824, 2000, 224 pages.

M. MORO. – **Programmation des bâtiments**
N° G06822, 2000, 320 pages.

J.-P. ROY, J.-L. BLIN-LACROIX. – **Le dictionnaire professionnel du BTP**
N° G00819, 1998, 400 pages.

Le mémento du conducteur de travaux

Brice Fèvre
Sébastien Fourage

DEUXIÈME ÉDITION 2002

EYROLLES

ÉDITIONS EYROLLES
61, Bld Saint-Germain
75240 Paris Cedex 05
www.editions-eyrolles.com

REMERCIEMENTS

À

Hervé Fombaron, directeur de l'ESITC de Cachan,

Olivier Aucouturier, directeur des études de l'ESITC de Cachan,

Bernard Chevasson, professeur à l'ESITC de Cachan,

Les élèves et les anciens élèves de l'ESITC Cachan pour leur collaboration,

Sylvain Sauvé pour ses illustrations,

Christian Fèvre,

Sophie Fèvre,

Jean-Pierre Fourage,

Wendy Tempère pour leur soutien.

PRÉFACE

En 1998, le Conseil de perfectionnement de l'ESITC de Cachan a pris la décision d'inclure une formation à et par la recherche au sein de la quatrième année du cursus d'ingénieur de l'école.

Si nous avions l'objectif d'obtenir de futures publications, nous n'imaginions pas que nos élèves l'atteindraient dans un délai si bref. Le terme « recherche » n'est d'ailleurs pas très approprié : il ne serait en effet pas sérieux pour une école tournée vers la formation d'ingénieurs de production, de terrain pour le BTP, de prétendre réaliser une telle activité, au même titre que certains établissements à vocation plus généraliste.

Cette formation a d'abord pour ambition de développer chez nos élèves le sens des responsabilités et de les faire s'impliquer dans des tâches non scolaires, tout en leur permettant, en marge des stages obligatoires, de rencontrer des responsables d'entreprises ou d'organismes de contrôle.

Brice Fèvre et Sébastien Fourage se sont en premier lieu appuyés sur une solide enquête auprès des ingénieurs issus de l'école pour connaître leurs besoins réels dans l'exercice de leur fonction. Très vite, l'idée du présent mémento s'est dégagée.

Son intérêt est multiple :

- synthétiser dans un même ouvrage l'ensemble des connaissances administratives nécessaires au conducteur de travaux pour la préparation de son chantier ;
- l'aider dans ses prises de décision, grâce à une présentation claire et aérée des documents ;
- servir en permanence de référence et permettre de trouver les bonnes adresses au bon moment ;
- éventuellement compléter ses connaissances : les écrits dans ce domaine sont en effet rares, souvent spécialisés ou peu pratiques.

Ce mémento a été conçu pour tous les hommes du chantier. Nous espérons notamment qu'il deviendra un incontournable appui pour les étudiants en fin de formation qui se préparent activement à entrer dans la profession. L'accueil des aînés, lors de sa présentation informelle à l'occasion de diverses manifestations de l'ESITC de Cachan, nous donne cet espoir.

Que ses auteurs soient donc vivement félicités pour nous permettre de préfacer aujourd'hui avec fierté leur travail de plusieurs mois.

Hervé Fombaron
Directeur de l'ESITC de Cachan

SOMMAIRE

CHAPITRE 1

PRÉPARATION DU CHANTIER ET OPÉRATIONS PRÉALABLES AU DÉMARRAGE DES TRAVAUX

1.1. Ordre de service et dossier marché

1.1.1. Ordre de service prescrivant de commencer les travaux

Marchés privés	Marchés publics
L'ordre de service est le document écrit (numéroté, daté et signé), par lequel le maître d'œuvre ordonne à l'entrepreneur de prendre telle disposition entrant dans le cadre des obligations de son marché. L'origine du délai d'exécution est fixée par l'ordre de service, contresigné par le maître d'ouvrage, de commencer les travaux. Elle ne peut être antérieure à la délivrance du permis de construire ou d'une autre autorisation administrative essentielle. Bien entendu, l'ordre de service doit faire référence au marché et doit préciser : ▪ le montant des travaux ou leur estimation si ce n'est pas un forfait ; ▪ le délai, y compris la préparation et les intempéries ; ▪ la date de démarrage des travaux. L'entrepreneur accusera réception de la notification du marché ou de l'ordre de service par lettre recommandée avec accusé de réception. Se référer à l'article 3.2.19 de la norme NF P 03-001 *Cahier des clauses administratives générales applicable aux travaux de bâtiment faisant l'objet de marchés privés.*	Les ordres de service sont écrits ; ils sont signés par le maître d'œuvre, datés et numérotés. Ils sont adressés en deux exemplaires à l'entrepreneur ; celui-ci renvoie immédiatement au maître d'œuvre l'un des deux exemplaires après l'avoir signé et y avoir porté la date à laquelle il l'a reçu. Lorsque l'entrepreneur estime que les prescriptions d'un ordre de service appellent des réserves de sa part, il doit, sous peine de forclusion, les présenter par écrit au maître d'œuvre dans un délai de quinze jours, décomptés ainsi qu'il est précisé à l'article 2.5. du Cahier des clauses administratives générales (CCAG). À l'exception des cas où l'ordre de service est reçu plus de six mois après la notification du marché ou dans le cas d'un ordre de service portant sur des travaux supplémentaires excédant le dixième du marché initial, l'entrepreneur doit se conformer strictement aux ordres de service qui lui sont notifiés, qu'ils aient fait ou non l'objet de réserves de sa part. **Sous-traitance :** les ordres de services relatifs à des travaux sous-traités sont adressés à l'entrepreneur, qui a seul qualité pour présenter des réserves. **Entrepreneurs groupés :** les ordres de services sont adressés au mandataire, qui a seul qualité pour présenter des réserves. Se référer à l'article 2.5. du CCAG.

► Ne jamais commencer les travaux sans l'ordre correspondant, notification du marché ou ordre de service.

► Avant de signer ou de faire signer un ordre de service, il faut prendre le temps de la réflexion sur toutes les conséquences qui peuvent en résulter pour éventuellement émettre des réserves dans un délai de quinze jours sous peine de forclusion[1] à dater de la réception des documents.

1.1.2. Pièces constitutives du dossier marché

Marchés privés	Marchés publics
Le dossier marché se compose des pièces suivantes : ▪ la lettre d'engagement ou la soumission acceptée et ses annexes éventuelles ; ▪ le Cahier des clauses administratives particulières (CCAP) qui précise le CCAG (NF P 03-001) et dans lequel doivent figurer les clauses administratives qui découlent des sujétions de la mission de Coordination en matière de sécurité et protection de la santé (CSPS) ; ▪ le ou les Cahiers des clauses techniques particulières qui se compose généralement des pièces suivantes : ➨ un Cahier des prescriptions techniques communes (CPTC), valable pour tous les corps d'état, il définit notamment les relations entre ceux-ci et les limites de prestations, il contient souvent les clauses concernant les nettoyages, l'évacuation des gravois, les réservations et leurs calfeutrements. Ce document est dit répartitif ; ➨ un Cahier des clauses techniques particulières – généralités pour chacun des lots. Ce cahier reprend la liste des normes et règlements ainsi que les clauses concernant les documents à fournir par l'entreprise durant les travaux ;	Constituent le dossier marché : ▪ l'acte d'engagement ; ▪ le Cahier des clauses administratives particulières (CCAP) ; ▪ le Cahier des clauses techniques particulières (CCTP) contenant la description des ouvrages et les spécifications techniques ; ▪ les documents tels que plans, notes de calculs, études de sols lorsque ces pièces sont contractuelles ; ▪ l'état des prix forfaitaires, le bordereau des prix unitaires ou la série de prix qui en tient lieu, à moins que le marché ne prévoie le règlement de la totalité des prestations par un prix forfaitaire unique ; ▪ le détail des prix estimatifs, à moins que le marché ne prévoie le règlement de la totalité des prestations par un prix forfaitaire unique ; ▪ la décomposition de prix forfaitaires et les sous-détails de prix unitaires, lorsque ces pièces sont contractuelles ; ▪ le Cahier des clauses techniques générales (CCTG) applicable aux prestations faisant l'objet du marché ; ▪ le CCAG applicable aux marchés publics de travaux.

1. *Forclusion : péremption, anéantissement du contrat.*

MARCHÉS PRIVÉS	MARCHÉS PUBLICS
➡ un cahier des clauses techniques particulières (CCTP) pour chaque lot. Ce cahier comprend des pièces écrites, des pièces graphiques ou numérisées et des pièces annexes éventuelles. Étant entendu que sans contre-indication dans ces pièces, les pièces écrites prévalent sur les pièces graphiques qui prévalent sur les annexes (notes de calcul, principes,...). La norme impose que figure au CCTP les clauses techniques qui découlent des sujetions de la mission de CSPS. ▪ le calendrier général complété éventuellement par le calendrier d'exécution (se reporter au chapitre 1.2.7 Planification des travaux, p. 12) ; ▪ le Cahier des clauses administratives générales (CCAG) constitué par la NF P 03-001 ; ▪ les clauses techniques générales et les DTU qui constituent les règles de l'art. La NF P 03-001 convient que les clauses techniques générales applicables aux travaux (normes, DTU) sont réputées connues des parties et ne sont pas jointes matériellement aux pièces du marché (de même pour la NF P 03-001).	
Si plusieurs documents du marché sont en contradiction entre eux, ils prévalent les uns sur les autres, dans l'ordre énuméré ci-dessus, étant entendu que des clauses administratives ne peuvent prévaloir que sur d'autres clauses administratives, et que des clauses techniques ne peuvent prévaloir que sur d'autres clauses techniques. Se référer à l'article 4.2. de la norme NF P 03-001.	En cas de contradiction ou de différence entre les pièces constitutives du marché, ces pièces prévalent dans l'ordre énuméré ci-dessous. Toutefois, toute dérogation aux dispositions des CCTG et du CCAG qui n'est pas clairement définie et, en outre, récapitulée comme telle dans le dernier article du CCAP, est réputée non écrite.

MARCHÉS PRIVÉS	MARCHÉS PUBLICS
	Ne constitue pas une dérogation au CCTG, ni au CCAG l'adoption, sur un point déterminé, de stipulations différentes de celles qu'indiquent ces cahiers lorsque, sur ce point, ceux-ci prévoient expressément la possibilité pour les marchés de contenir des stipulations différentes. ▪ l'acte d'engagement ; ▪ le CCAP ; ▪ le CCTP contenant la description des ouvrages et les spécifications techniques ; ▪ les documents tels que plans, notes de calculs, études de sols lorsque ces pièces sont contractuelles ; ▪ l'état des prix forfaitaires, le bordereau des prix unitaires ou la série de prix qui en tient lieu, à moins que le marché ne prévoie le règlement de la totalité des prestations par un prix forfaitaire unique ; ▪ le détail des prix estimatifs, à moins que le marché ne prévoie le règlement de la totalité des prestations par un prix forfaitaire unique ; ▪ la décomposition de prix forfaitaires et les sous-détails de prix unitaires, lorsque ces pièces sont contractuelles ; ▪ le CCTG applicable aux prestations faisant l'objet du marché ; ▪ le CCAG applicable aux marchés publics de travaux. Se référer à l'article 3. du CCAG.

1.1.3. Analyse rapide du dossier marché

Voici un tableau permettant au conducteur de travaux de se confectionner un aide-mémoire pour son marché. Les différents thèmes ne sont pas exhaustifs.

CLAUSES	COMMENTAIRES
Retenues de garantie et cautionnement Quel est le pourcentage de la retenue de garantie ? Est-ce que la retenue est cautionnable ? Montant de cautionnement :	
Délais prolongation Date d'origine des délais : Délai global de l'opération : Date d'achèvement des travaux : Critères d'application des intempéries : Nombre de jours d'intempéries inclus dans le délai contractuel : Prolongation possible de délai :	
Prix et règlements Montant de l'avance de démarrage : Conditions de remboursement de l'avance : Base des prix pour la revalorisation : Formule d'actualisation : Formule de révision : Primes d'avance par jour calendaire : Pénalités de retard par jour calendaire : Comment sont réglés les travaux supplémentaires ? Quelles sont les modalités de règlement ? Montant des intérêts moratoires :	
Période de préparation Délai de préparation : Cette période est-elle incluse dans le délai global ? Quels sont les documents à établir pendant la période de préparation ?	
Permis Permis de démolir Permis de construire Permis de construire modificatif	

CLAUSES	COMMENTAIRES
Installations de chantier Contraintes de voisinage S'agit-il d'une ZAC ? Des grues vont-elles être installées sur un chantier voisin ? Quelles sont les contraintes d'accès de livraisons ? Existe-t-il des conditions spécifiques pour l'évacuation des déchets ?	
Réceptions et garanties Des réceptions partielles sont-elles prévues ? Existe-t-il des conditions spéciales pour la réception ? Délai de levée des réserves : Date limite de fourniture du DOE :	
Compte *prorata* Qui le gère ? Existe-t-il une convention de *prorata* ? Quelles sont les obligations spéciales de mes lots ?	

1.2. Formalités préalables au démarrage des travaux

1.2.1. Vérification du permis de construire

L'entrepreneur est pénalement responsable dans le cas où il entreprend des travaux alors que le permis de construire n'a pas encore été accordé, voire a été refusé (art. L. 780-4 du Code de l'urbanisme). Il en est de même pour les travaux assujettis au régime de la déclaration préalable.

L'entrepreneur doit demander une copie du permis de construire au maître d'ouvrage ou au maître d'œuvre afin de vérifier que les documents de son marché tiennent compte des réserves qui ont pu avoir été formulées.

L'entrepreneur devra prendre en compte toutes les remarques ou réserves faites sur le permis par les différents organismes et notamment les observations émises par le Bureau de contrôle dans le Rapport initial de contrôle technique (RICT).

1.2.2. Vérification du permis de démolir

Les démolitions de bâtiments existants, préalables à la construction de l'ouvrage, nécessitent une autorisation administrative dite permis de démolir. Ce dernier est délivré sous un délai de quatre mois à compter de la demande. La décision revêt la forme d'un arrêté du maire ou du préfet. La demande du permis de démolir est bien entendu du ressort du maître de l'ouvrage.

La seule obligation pour l'entrepreneur chargé d'exécuter la démolition est de ne rien entreprendre avant d'avoir reçu une copie du permis de démolir.

Il y aura lieu pour l'entrepreneur que la réglementation concernant l'amiante et le saturnisme aura été respectée.

1.2.3. Règlement de ZAC

En ce qui concerne les Zones d'aménagement concerté (ZAC), dans lesquelles s'implante la construction, il existe des règlements qui imposent quelques contraintes qui pourraient rendre impossibles certains modes opératoires envisagés par l'entreprise.

Outre les permis de construire et de démolir, il est obligatoire d'obtenir l'aval de la ZAC pour la construction envisagée. Ce règlement de ZAC doit être inclus dans le marché, et il y a lieu de bien l'étudier car il définit souvent les frais de ZAC qui restent à la charge de l'entreprise. Cette participation doit être définie dans le CCAP.

En contrepartie de sa cotisation, l'entrepreneur peut bénéficier de certains services fournis par la ZAC, par exemple :

- une infirmerie centrale et des moyens d'évacuation des blessés en cas d'accident ;
- l'existence d'une procédure pour l'établissement des plans de récolement (nombre de plans, échelles, etc.).

1.2.4. Plan d'implantation des ouvrages

Préalablement au commencement des travaux, l'entrepreneur doit demander au maître d'ouvrage ou au maître d'œuvre le plan d'implantation des ouvrages à réaliser, précisant leur position en planimétrie et en altimétrie par rapport à des repères fixes (plan de géomètre).

Doivent également figurer sur ce plan les ouvrages souterrains tels que les passages de câbles et différents réseaux, ainsi que les signalisations traversant le terrain ou se situant à proximité des travaux à exécuter (lors de la phase d'élaboration du projet, le maître d'ouvrage ou le maître d'œuvre doit adresser une demande de renseignements aux exploitants des réseaux de canalisation).

▶ Il est recommandé de faire établir les limites du terrain ainsi que l'implantation des bâtiments futurs par un géomètre qui en prend la responsabilité. Car en cas d'erreurs, les conséquences pour l'entreprise pourraient être démesurées vis-à-vis des frais du géomètre.

1.2.5. Plan d'installation de chantier (PIC)

1.2.5.1. Objectifs du plan d'installation

Le plan d'installation de chantier a pour but de :

- prévoir le matériel (grues, bétonnières, bennes à gravois, silos, etc.) nécessaire à l'exécution du chantier et vérifier que les prévisions permettent d'exécuter les travaux en respectant le planning prévu ;
- prévoir l'aménagement des lieux, afin que ceux-ci puissent recevoir ce matériel dans de bonnes conditions ;
- délimiter pour chaque entreprise des surfaces où elles pourront stocker des matériaux ou du matériel, ou préparer leur travail ;
- avoir une vision globale de la future organisation du chantier ;
- prévoir les dispositifs de sécurité et d'hygiène du chantier ;
- obtenir des autorités compétentes les éventuelles autorisations de voirie nécessaires à la mise en place du matériel.

En général, ce plan est établi par l'entreprise de gros œuvre. Il doit être approuvé par le maître d'œuvre, mais rien ne s'oppose à ce que ce document soit dans le dossier d'appel d'offres si les contraintes du terrain et de l'environnement l'obligent.

1.2.5.2. Étude du plan d'installation

L'élaboration du plan d'installation de chantier doit être précédée du recensement des besoins de chaque entreprise. On mentionnera pour chacune :

- la surface au sol nécessaire ;
- les dates d'occupation ;
- les besoins en eau, électricité en puissance supérieure, approvisionnement par véhicules, etc. ;
- les observations diverses.

L'étude est ensuite effectuée en fonction :

- de la surface au sol disponible ;
- du tracé et des disponibilités des réseaux ;
- des dates d'exécution, etc.

Les entreprises devront apporter toute leur collaboration et fournir tous les renseignements nécessaires permettant l'élaboration de ce plan.

1.2.5.3. Renseignements portés sur le plan d'installation

Lors de l'élaboration du plan d'installation de chantier, il est très important de savoir si la voirie sera exécutée de façon provisoire, sur la base du tracé définitif, ou si elle ne sera exécutée qu'en fin de chantier. Cette décision s'inscrit parmi celles qui conditionnent l'organisation générale du chantier. En effet, chaque fois que cela est possible, il apparaît souhaitable d'exécuter une voirie provisoire afin de faciliter la circulation des véhicules sur l'ensemble du chantier.

Outre l'encombrement des bâtiments à construire et les limites du terrain concerné, les principales indications à faire figurer sur ce plan sont les suivantes :

- l'emplacement du poste de fabrication du béton : bétonnière, parc à agrégats, silo ou abris à liants, avec indication des surfaces occupées ;
- l'emplacement de la (ou des) grue(s), l'emprise cotée de la voie de circulation et le tracé de l'aire de balayage de chaque grue ;
- le tracé de la clôture, des voies d'accès, entrées et sorties des véhicules, et les tracés intérieurs au chantier permettant aux différents engins de circuler ;
- l'emplacement des locaux avec le détail des surfaces réservées au personnel (cantines, sanitaires, vestiaires, etc.) ;
- l'emplacement des locaux réservés au stockage de petit matériel ;
- l'emplacement du local destiné aux rendez-vous de chantier ;
- l'emplacement des aires de stationnement des engins ou véhicules ;
- l'emplacement des postes de préfabrication, de ferraillage ou de préparation du travail ;
- l'emplacement des moyens de stockage, de tri et d'évacuation des déchets ;
- le tracé des circuits provisoires d'alimentation et d'évacuation en électricité, eau, air comprimé, téléphone, drainage, eaux usées, etc. ;
- la désignation des arbres à protéger avec des clôtures.

Le planning de rotation – ou de repliement – du matériel, pendant la durée du chantier, doit apparaître très clairement sur ce plan sous forme d'indications fléchées et datées. Ces indications présentent l'intérêt :

- de matérialiser le calendrier d'utilisation et la rotation du matériel ;
- de permettre la coordination des travaux de VRD en fonction de l'installation de chantier.

En effet, il n'est pas rare de voir une opération retardée parce qu'un branchement a été effectué trop tardivement du fait de l'impossibilité d'exécuter une tranchée et d'y placer une canalisation, une voie de grue étant placée de telle manière que les travaux ne peuvent être entrepris.

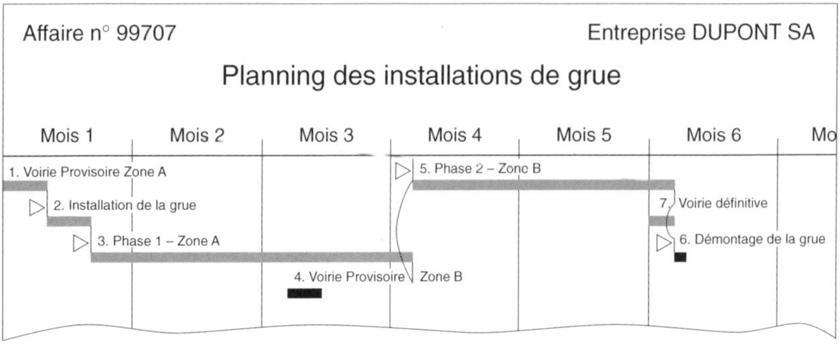

Le plan des installations de chantier doit également faire apparaître le sens d'avancement des travaux sur le chantier ainsi que les dates de livraison des différentes tranches de travaux, si nécessaire.

1.2.6. Hébergement collectif sur le chantier

Lorsqu'il est prévu un hébergement collectif sur le chantier, les installations doivent être réalisées en respectant les prescriptions du décret du 8 janvier 1965.

Une déclaration d'hébergement doit être remplie et adressée soit à la mairie, soit à la préfecture, ou à la préfecture de police pour la ville de Paris.

1.2.7. Planification des travaux

L'acte de construire est complexe car il demande à tous les intervenants de se plier non seulement aux exigences liées à la technicité propre à chaque ouvrage, mais encore aux contraintes particulières créées par :

- les conditions atmosphériques que subissent tous les travaux extérieurs ;
- le nombre important des différents corps de métier amenés à travailler simultanément sur un même ouvrage ;
- le caractère d'unicité de chaque ouvrage ;
- les contacts humains très poussés, compte tenu du grand nombre d'intervenants ;
- l'importance des financements engagés.

Malgré cela, les entreprises intervenant simultanément sur le chantier sont tenues de fournir un travail de qualité dans les délais impartis. Cet impératif de délai nécessite donc une organisation particulière de coordination des différents intervenants par une planification précise des travaux.

Ces différentes contraintes exigent que les intervenants travaillent ensemble, dans un ordre précis, en terminant leurs travaux dans un délai fixé de manière à permettre les interventions des entreprises qui les suivent. C'est pourquoi le conducteur de travaux doit mettre en place une organisation des travaux en définissant le planning prévisionnel de réalisation des travaux. Le planning détermine l'enclenchement successif des tâches de réalisation du projet. Son objet est de permettre au conducteur de travaux de définir et de simuler le déroulement des travaux avant le démarrage du chantier, mais également de gérer les délais d'exécution et les ressources des entreprises au fur et à mesure de l'avancement des travaux.

Le principal outil employé pour établir le planning prévisionnel est le diagramme de Gantt. Chaque tâche ou activité est représentée par une barre. Ces barres sont placées sur un axe de temps appelé échelle de temps (cf. chapitre 1.2.5.3, p. 11).

Le planning est réalisé avec la méthode des potentiels dont les objectifs sont les suivants :

- prévoir le déroulement des travaux pour un ensemble de lots ou pour un seul corps d'état, pour un ouvrage ou partie d'ouvrage ;
- organiser l'exécution en prévoyant les ressources à mettre en œuvre ;
- coordonner tous les travaux et les relier entre eux ;
- diriger les multiples intervenants ;
- contrôler que la réalisation est conforme aux prévisions.

Cette méthode des potentiels consiste à :

- définir les tâches et en établir la liste ;
- déterminer la durée des tâches et les effectifs ou moyens nécessaires ;
- définir les liens entre les tâches ;
- déterminer les décalages entre les tâches liées ;
- fixer l'ordre d'exécution des tâches ;
- représenter graphiquement le réseau des enclenchements ;
- déterminer le calendrier d'exécution des tâches et le chemin critique ;
- établir le planning de Gantt ;
- établir le planning des équipes ;
- procéder au lissage des tâches.

De nombreux logiciels permettent de réaliser ces plannings. Ils déterminent automatiquement les moyens et les chemins critiques et représentent l'enclenchement de toutes les tâches. Ils permettent de réaliser le pointage de l'avancement au fur et à mesure de l'exécution des travaux ou encore d'estimer les ressources humaines ou matérielles. Les plus employés dans le domaine du BTP sont les logiciels Microsoft® Project® 2000, PSN®8, Primavera® 3.0 et Ecoplanning®.

1.2.8. Formalités dues à l'installation d'une grue

Les prescriptions réglementaires font l'objet de l'arrêté n° 96-10610 du 22 avril 1996, modifié.

1.2.8.1. Demande d'autorisation d'installation de grue

Elle est obligatoire lorsque la grue doit être implantée en tout ou partie sur la voie publique, si elle est susceptible de dominer celle-ci ou des Établissements recevant du public (ERP) ou d'y tomber en cas d'accident.

Constitution du dossier

Les entreprises doivent utiliser l'imprimé intitulé *Demande d'autorisation d'installation d'appareils de levage (grues)* disponible auprès de la préfecture de police et des mairies. Un modèle de ce formulaire est présenté en Annexe 2.

L'imprimé rempli doit être accompagné :

- d'un plan cadastral au 1/500e indiquant le contour du chantier, l'implantation de la construction, le ou les emplacements possibles du ou des appareils prévus ou existant sur le chantier, le contour à l'échelle de l'aire survolée par la ou les flèches du ou des engins de levage (dans le cas de grues sur rails, l'enveloppe maximale devra apparaître clairement), l'aire ou les aires de travail de la ou des grues, l'indication de la hauteur des immeubles contigus ou voisins susceptibles d'être survolés (exemple : R+1, R+5, etc.), l'indication des Établissements recevant du public (terrains accessibles au public tels que jardins publics, cours d'établissements sociaux ou d'enseignement, terrains de sport, etc.) ;
- d'une attestation du responsable de l'entreprise, certifiant que tous les Établissements recevant du public figurant sur le plan cadastral ou donnant, dans la négative, toutes les indications complémentaires à ce sujet ;
- du rapport établi par l'organisme de contrôle agréé attestant que les fondations de l'appareil et la capacité portante du sol, sous-sol et avoisinant à tous les stades de la construction sont compatibles avec les caractéristiques techniques et les performances de l'engin dont l'installation est demandée ;
- d'une note technique établie en accord avec le constructeur démontrant que la stabilité de l'appareil est assurée par le mode d'implantation envisagé est à fournir pour les appareils munis d'un limiteur d'orientation rendant impossible la mise en girouette ;
- d'un plan d'installation de chantier comportant notamment l'implantation des grues, des chantiers voisins dont les aires d'évolution peuvent recouper celles d'une grue de chantier ;

- l'accord de la Direction de la voirie et des déplacements dans le cas d'une implantation de l'engin sur la voie publique. Dans ce cas, présenter un plan d'installation de chantier au 1/200e ;

En outre, si les grues relèvent de plusieurs entreprises, d'une copie de l'accord écrit conclu entre elles pour désigner celle qui assurera la coordination.

Nota : *s'il y a recoupement des zones d'action de plusieurs grues à tour, les entreprises doivent se référer à la circulaire du ministère des Affaires sociales du 9 juillet 1987 concernant les mesures particulières de sécurité dans le cas d'installation de grues à tour dont les zones d'action interfèrent, et aux recommandations adoptées par le Comité technique national du bâtiment et des travaux publics le 18 novembre 1987.*

Formalités de demande d'autorisation

a) Ville de Paris

À Paris, le dossier est déposé en trois exemplaires à la préfecture de police – Direction de la circulation, des transports et du commerce (DCTC)

Premier bureau – 9, boulevard du Palais – 75195 Paris RP – Tél. 01 53 71 33 46

Les étapes de la procédure sont les suivantes :

- examen du dossier par la DCTC et la direction de la protection du public ;
- examen par le commissariat de police d'arrondissement ;
- notification de la décision favorable à l'entreprise ;
- dans le cas où la mise en place de la grue nécessite l'occupation d'une partie du domaine public, la demande d'autorisation devra, avant envoi à la préfecture, avoir fait l'objet d'un visa de la circonscription de voirie concernée.

b) Autres communes

Pour les autres communes, la demande doit être adressée en principe en deux exemplaires, à la mairie du lieu des travaux ; les étapes de la procédure sont les suivantes :

- examen par l'architecte voyer (responsable de la voirie) ;
- décision de la mairie ;
- transmission au commissariat de police ;
- notification à l'entreprise.

1.2.8.2. Autorisation de mise en service

L'administration n'accepte qu'une grue soit mise en service que si elle a reçu l'assurance qu'elle ne constitue pas un danger pour le public.

En conséquence :

- l'entreprise doit faire vérifier sa grue, une fois montée, par un organisme de contrôle ;
- l'organisme remet à l'entreprise, à l'issue de sa visite, un document écrit sous la forme d'un certificat d'essais, comportant le cas échéant ses réserves ;
- l'entreprise transmet à la préfecture de police (direction de la protection du public) le rapport de contrôle favorable et, éventuellement, une attestation établie par elle-même sur la levée des réserves ;
- la mise en service ne peut être effectuée qu'après la notification de l'avis favorable par la préfecture de police.

Toute modification d'implantation doit faire l'objet d'une nouvelle autorisation.

Recommandations

- Il est conseillé d'envoyer à l'organisme choisi un double de la demande d'autorisation d'installation en indiquant la date à partir de laquelle la vérification est demandée. L'entreprise a ainsi la quasi-certitude que la vérification sera faite à la date souhaitée ;
- Afin de faciliter la tâche de l'organisme de contrôle, et ainsi d'accélérer la remise du rapport, il est indispensable que l'entreprise puisse présenter les éléments suivants lors de la visite :
  - la notice d'installation et de montage des constructeurs et, si elle n'y figure pas, l'indication du lest,
  - s'il y a lieu, la note établie spécialement par le constructeur pour le cas particulier considéré (ancrage, haubanage, limiteurs, etc.),
  - l'entreprise devra en outre pouvoir indiquer la charge de rupture des câbles de levage utilisés.

1.2.8.3. Survol des propriétés voisines par les grues de chantier – Autorisation

Un certain nombre de décisions judiciaires ont condamné des entrepreneurs à démonter des grues dont la flèche survolait une propriété voisine du chantier, le cas échéant sous astreinte. Les décisions rendues se fondent généralement sur deux types de motifs invoqués par les plaignants, à savoir :

- une atteinte à leur droit de propriété sur l'espace aérien surplombant leur fonds ;
- les craintes éprouvées relatives à un réel danger.

Afin d'éviter de telles procédures, il convient de rechercher, dans la mesure du possible, l'accord amiable du propriétaire intéressé. Dans ce but, l'entrepreneur peut contacter directement le propriétaire du fonds voisin du chantier, et lui demander l'autorisation de survol temporaire de son terrain, moyennant une indemnisation. À défaut d'accord, il serait souhaitable d'adresser aux propriétaires concernés, par lettre recommandée avec accusé de réception :

- une nouvelle demande formelle d'autorisation de survol de sa propriété précisant notamment :
  - la nature des travaux, les références du permis de construire,
  - la durée des travaux et la période pendant laquelle la grue sera en service,
  - la date du dernier contrôle technique de l'engin,
  - la justification de l'assurance responsabilité civile de l'entrepreneur pour les dommages causés aux tiers ;
- une offre d'indemnisation à convenir, qu'il faut considérer comme un élément du prix des travaux à exécuter.

Ces précautions étant prises, l'entrepreneur qui serait assigné devant le juge des référés pourrait contester le bien-fondé de la demande d'autorisation sur chacun des deux arguments soulevés :

- concernant les craintes d'accident, les justifications apportées seraient de nature à démontrer qu'elles ne sont pas sérieuses ;
- concernant la violation du droit de propriété, le juge pourrait être amené à considérer que le survol temporaire de l'espace aérien du voisin ne lui cause aucun préjudice et s'analyse en une simple servitude de voisinage, et que la réclamation est d'autant moins fondée que l'entrepreneur a offert une indemnisation à ce titre.

À noter :

▶ L'autorisation d'installation d'engins de levage est donnée par l'administration « sous réserve du droit des tiers ». Mais il s'avère qu'un certain nombre de communes exigent que les autorisations écrites des propriétaires des fonds survolés figurent dans le dossier.

▶ Le survol des groupes scolaires, hôpitaux, voies routières, chemins de fer, etc. est lié à autorisation spécifique.

1.2.8.4. L'avertissement pour la sécurité des grues

En 1995, le Comité technique national des industries du bâtiment et des travaux publics a adopté la recommandation R373 de la CNAM, sur la prévention du risque de renversement des grues à tour sous l'effet du vent. Avec le service Atmoflash.

Météo France fournit aux responsables de chantier l'outil indispensable au respect de la sécurité lors du travail des grues.

L'abonnement standard consiste en la surveillance du vent, des rafales, d'échelle locale ou départementale comprenant la prévision des situations orageuses (pour tenir compte des rafales sous orage). Cet abonnement est pris auprès du Centre départemental de Météo France (CDM) concerné pendant la durée du chantier et pendant ses heures d'ouverture, ou auprès du Centre météorologique interrégional (CMIR) de la direction régionale concernée, pour certains chantiers ouverts 24 h/24.

Météo France envoie par télécopie (et par SMS dans certaines régions) des messages d'avertissement appelés Atmoflash lorsque la valeur du seuil de rafales choisi par l'entrepreneur est susceptible d'être dépassée. Ces bulletins couvrent de 0 à 36 heures d'échéance et font l'objet de renouvellement quotidien et/ou d'amendement(s), en tant que de besoin.

Comment l'obtenir ?

Si la demande porte sur un ou plusieurs sites géographiques situés dans un même département et n'émane pas du secteur enseignement (enseignant, étudiant, élève), il est possible d'adresser un message électronique au centre départemental de Météo France concerné.

L'adresse électronique se compose comme suit : *cdmXX@meteo.fr* (XX : numéro minéralogique du département).

Exceptions :

– Départements 75, 92, 93 et 94 : *cdm75@meteo.fr*

– Département Corse du sud : *cdm2a@meteo.fr*

– Département Haute-Corse : *cdm2b@meteo.fr*

Tarifs

Avertissement vent fort grues à tour : 72 km/h. Abonnement par chantier. Envoi par fax.

– Abonnement trimestriel : 122 €

– Abonnement annuel : 336 €

Pour tout renseignement complémentaire, ou pour toute autre demande concernant le secteur Bâtiment et travaux publics, l'entrepreneur peut contacter :

Météo France
Valérie Cendrier
1, quai Branly - 75340 Paris Cedex 07
Tél. 01 45 56 71 64 – Fax 01 45 56 71 70
E-mail : *btp@meteo.fr*

Ou consulter le site Météo France à l'adresse suivante :

http://www.meteo.fr/meteonet/services/espro/secteur/btp.htm

1.2.9. Demandes d'autorisation d'occupation des sols

D'une façon générale, toute emprise sur la voie publique nécessite une autorisation des services de police et du service de voirie de la commune où ont lieu les travaux. À noter que cette occupation n'est généralement pas gratuite : les taxes et les frais correspondants sont à prendre en compte dans l'étude du marché.

a) Travaux concernés

Les demandes d'autorisation d'occupation des sols sont obligatoires pour les travaux suivants :

- installation de palissades ;
- travaux de ravalement et travaux divers nécessitant un échafaudage ;
- installation d'appareils de stockage (silos-trémies) à Paris ;
- installation de poulie sur rue ;
- stationnement de bennes à gravois ;
- nacelles élévatrices ;
- dépôt momentané de matériaux ;
- fouilles en tranchées ;
- neutralisation de zone de stationnement.

b) Documents à remettre

Pour ces différentes demandes, des imprimés spéciaux sont à remplir, auxquels doivent être joints des plans d'implantation : plan de masse sur relevé de cadastre, plan d'installation et élévation de façade.

Il est nécessaire de suivre la procédure et pour cela de collecter tous les renseignements auprès de la mairie (Services techniques de la voirie ou STV), du commissariat de police et de la Fédération nationale du bâtiment et des travaux publics.

> ▶ Des délais parfois importants sont à respecter, en particulier dans les grandes agglomérations urbaines.
>
> ▶ Cette procédure doit être suivie à la lettre. Il est fortement recommandé au conducteur de travaux de bien suivre la filière des autorisations à obtenir. Sinon certains documents peuvent rester bloqués dans un service et l'autorisation attendue ne pas arriver dans les délais escomptés.
>
> Cette autorisation est généralement notifiée par arrêté municipal.

Il est donc impératif de ne rien entreprendre sans disposer de l'autorisation adéquate. De plus, il est recommandé d'informer les services de voirie et le commissariat de police avant tout lancement d'opération, même si ces services ont reçu pour information une copie de l'information de la part du service émetteur.

1.2.9.1. Installation d'emprise sur voie publique (palissades)

Les prescriptions réglementant l'installation de palissades sont fixées par l'arrêté n° 96-10606 du 19 avril 1996.

a) Paris

L'entreprise doit accomplir les démarches suivantes auprès des services compétents, à savoir : **Mairie de Paris** – Direction de la construction et du logement – Bureau de l'information sur la construction – 17, boulevard Morland – 75181 Paris Cedex 04 – Tél. 01 42 76 31 94.

Si les travaux nécessitant l'installation d'une palissade ont fait l'objet d'un permis de construire ou d'une déclaration préalable, l'entrepreneur obtient auprès de ce service un certificat comportant le numéro du permis de construire ou un certificat précisant que les travaux sont exemptés de permis de construire ou de déclaration de travaux.

Fournir les pièces suivantes :

- le permis de construire ou l'accord de la mairie suite à la déclaration de travaux ;
- le plan d'emprise de la palissade.

La demande d'installation d'emprise sur la voie publique est délivrée immédiatement.

Section territoriale de voirie (STV) du lieu des travaux

Muni du certificat délivré par la mairie et d'un plan d'emprise de la palissade, l'entrepreneur contacte la STV qui organisera une réunion commune aux services de voirie et de police, aux sapeurs-pompiers et concessionnaires de réseaux pour la définition du plan d'emprise et ses contraintes.

L'imprimé Demande d'installation d'emprise est remis à l'entrepreneur à l'issue de cette réunion. L'entrepreneur dépose ensuite la liasse de Demande d'installation d'emprise accompagnée de huit plans d'emprise, dont trois seront conservés par la STV.

Commissariat de police de l'arrondissement

L'entrepreneur dépose sa demande visée par la STV accompagnée de cinq plans d'emprise et d'un timbre fiscal de 6,71 € (valeur indicative : janvier 2002) au commissariat, qui délivre l'autorisation.

Lorsque l'emprise dépasse la largeur d'une file de stationnement, la demande est transmise à la préfecture de police (Bureau d'études techniques de la circulation – BETC – 227, avenue Jean-Jaurès – Paris 19e – Tél. 01 44 52 57 35) qui retournera l'autorisation au commissariat.

Droits de voirie

L'entrepreneur devra acquitter les droits de voirie fixés par arrêté municipal, qui seront appelés par le service des droits de voirie.

Affichage publicitaire

L'entreprise qui souhaiterait apposer des affiches sur ses palissades doit obligatoirement traiter avec la société concessionnaire de la ville de Paris :

JC Decaux
Succursale Paris-Palissade
19, quai Moulin de Cage - 92230 Gennevilliers
Tél. 01 40 80 53 80 - Fax 01 40 80 53 77

b) Autres communes

L'entreprise doit remplir un imprimé spécifique de demande d'autorisation auprès des services techniques de la mairie de la localité où sont prévus les travaux.

L'autorisation est délivrée par un arrêté municipal d'occupation du domaine public, dont un exemplaire est remis au bénéficiaire, qui doit le faire viser par le commissariat de police à titre d'information et en conserver une copie sur le chantier.

Le montant des droits perçus par la commune est fonction de la surface de l'emprise et de la durée de l'occupation.

1.2.9.2. Travaux de ravalement et échafaudages

Depuis le 1er mai 1986, les travaux de ravalement sont soumis au régime de la déclaration préalable. L'autorisation d'établir un échafaudage de pied sur la voie publique, en vue de l'exécution de travaux, sera accordée à l'entrepreneur après l'accomplissement de cette formalité.

a) Paris

Procédure de déclaration de travaux

L'entreprise doit accomplir les démarches suivantes auprès des services compétents, à savoir : **Mairie de Paris** – Direction de la construction et du logement – Bureau de l'information sur la construction – 17, boulevard Morland – 75181 Paris Cedex 04 – Tél. 01 42 76 31 94.

Déposer contre récépissé ou envoyer par courrier recommandé avec accusé de réception un dossier en trois exemplaires composé des pièces suivantes, selon qu'il s'agit d'un ravalement seul ou de travaux divers tels que balcons, souches, bandeaux, etc.

Ravalement	Travaux divers
Imprimé P.C. 156 (une liasse) Déclaration de travaux exemptés du permis de construire	Imprimé P.C. 156 (une liasse) Déclaration de travaux exemptés du permis de construire
Imprimé Travaux de ravalement	Imprimé Travaux divers
Qualifications habilitant le déclarant à réaliser les travaux	
Notice descriptive des travaux ou devis descriptif – État actuel – Traitement envisagé	
Photos significatives et lisibles de toutes les façades et toitures concernées (photos d'ensemble et de détail s'il y a lieu)	
Échantillons de couleur des peintures, à fournir pour chacun des éléments suivants : façades croisées, persiennes, garde-corps, porte principale de l'immeuble	
	Travaux de couverture : plan détaillé de l'état actuel et de l'état futur
Plan de masse du projet	

L'administration notifie sa décision dans le délai d'un mois, deux lorsque l'Architecte des bâtiments de France (ABF) doit être consulté. La décision peut se présenter soit sous la forme d'une lettre d'accord pur et simple ou de refus, soit d'un arrêté comportant des prescriptions particulières à respecter, dont un exemplaire est adressé à l'entrepreneur pour information.

Autorisation d'installation d'échafaudage

Les prescriptions relatives à l'installation de l'échafaudage sont énoncées par l'arrêté du 19 avril 1996 n° 96-10605. Elles peuvent se résumer comme suit :

- Faire viser un exemplaire de la demande d'autorisation d'installation d'échafaudage (liasse en quatre exemplaires) auprès de la Section territoriale de voirie (STV) du lieu des travaux. Joindre un relevé d'identité bancaire, un timbre fiscal de 6,71 € (valeur indicative : janvier 2002) et le récépissé du Bureau de l'information sur la construction.
- Se présenter avec la liasse visée au commissariat de police du lieu des travaux. L'autorisation est établie immédiatement si la durée des travaux est au plus égale à trois mois. L'entrepreneur garde un exemplaire visé (feuillet n° 4).

- Si la durée des travaux est supérieure à trois mois, l'autorisation est délivrée par la préfecture de police, Direction de la circulation, des transports et du commerce (DCTC) 1er Bureau – 9, boulevard du Palais – 75004 Paris – Tél. 01 53 71 33 46.
- L'entrepreneur devra acquitter les droits de voirie à la mairie de Paris, Service de la publicité, des enseignes et droit de voirie – 17, boulevard Morland – 75181 Paris Cedex 04 – Tél. 01 42 76 37 98, qui le contactera directement.

Ces droits sont fixés chaque début d'année, par arrêté du maire publié au Bulletin municipal officiel, et varient suivant la catégorie de la rue où sont exécutés les travaux.

Travaux urgents

Dans le cas de travaux urgents tels que la menace de chutes d'ouvrage sur la voie publique, le Bureau de l'information sur la construction de la mairie de Paris pourra délivrer à l'entrepreneur une autorisation immédiate pour la mise en place d'un échafaudage, à condition qu'il s'engage à présenter dans les plus brefs délais la demande régulière d'autorisation de travaux.

b) Autres communes

Le formulaire de la déclaration préalable est à déposer contre décharge ou à adresser par lettre recommandée avec accusé de réception à la mairie du lieu des travaux.

Après avis favorable, l'entrepreneur doit remplir un imprimé spécifique de demande d'autorisation d'installation d'échafaudages auprès des services techniques de la mairie.

L'autorisation est délivrée par un arrêté municipal d'occupation des sols dont un exemplaire est remis au bénéficiaire, qui doit le faire viser par le commissariat de police à titre d'information. Une copie est conservée sur le chantier.

Le montant des droits perçus par la commune est fonction de la surface de l'emprise et de la durée de l'occupation. Ils sont fixés par un arrêté municipal.

1.2.9.3. Installation d'appareils de stockage à Paris

Pour la ville de Paris uniquement, dans le cas où les appareils de stockage doivent être implantés en tout ou partie sur la voie publique ou hors de la voie publique, s'ils dominent cette dernière ou des Établissements recevant du public (ERP) et risquent d'y tomber en cas d'accident, une demande d'autorisation d'installation doit être adressée sur un imprimé qu'il est possible de se procurer à la préfecture de police, Direction de la circulation, du transport et du commerce.

Cet imprimé est à adresser en trois exemplaires à la préfecture de police, Direction de la circulation, du transport et du commerce, 1er Bureau – 9, boulevard du Palais – 75195 Paris. – Tél. 01 53 71 33 46.

La demande doit comporter obligatoirement un plan cadastral au 1/500e comportant les éléments suivants :

- le contour du chantier en traits pleins ;
- l'implantation de la construction ;
- l'indication des ERP mitoyens ;
- le ou les emplacements des appareils existants ou prévus sur le chantier ;
- éventuellement, dans le cas d'emprise sur le domaine public, l'indication des ouvrages souterrains des services concessionnaires de la ville de Paris.

1.2.9.4. Installation de poulies, treuils électriques et goulottes

a) Ville de Paris

Depuis juillet 1988, l'utilisation de ces matériels n'est plus soumise à déclaration. Toutefois, toute infraction à la sécurité du public peut être constatée par les services de police.

b) Autres communes

La demande est déposée à la mairie du lieu des travaux par le biais d'un imprimé spécifique à chaque mairie. L'autorisation est remise à l'entrepreneur, qui la fait viser par le commissariat de police pour information.

1.2.9.5. Stationnement de bennes à gravois

Les prescriptions relatives au stationnement de conteneurs sont fixées par l'arrêté n° 96-10606 du 19 avril 1996.

a) Ville de Paris

Pour obtenir l'autorisation de faire stationner une benne à gravois sur la voie publique, l'entreprise doit utiliser un imprimé spécifique qu'elle peut se procurer dans les commissariats de police.

- La demande est à déposer au commissariat de voie publique de l'arrondissement où doivent avoir lieu les travaux.
- Pour un stationnement de benne d'une durée limitée à trente jours au plus, le commissariat a compétence pour accorder l'autorisation.
- Lorsque la benne doit stationner sur le trottoir, l'entrepreneur doit également recueillir préalablement l'autorisation de la STV du lieu des travaux.

Dans tous les cas, les entrepreneurs doivent acquitter la taxe de stationnement auprès de la Division du stationnement payant – 15, boulevard Carnot – 75012 Paris – Tél. 01 43 46 98 30, ouverte au public du lundi au jeudi de 9 h à 16 h 30, le vendredi de 9 h à 16 h.

Tarif : 7,62 € par jour et par benne (valeur 2001).

b) Autres communes

L'entrepreneur doit remplir un imprimé spécifique de demande d'autorisation auprès des services techniques de la mairie de la localité où ont lieu les travaux.

1.2.9.6. Nacelles élévatrices

En principe, le commissariat de voie publique de la commune ou de l'arrondissement où sont prévus les travaux doit être informé. Des précautions de sécurité doivent être prises pour éviter la chute de matériaux ou d'objets sur la voie publique.

Si l'engin doit stationner sur le trottoir, l'autorisation de la Section territoriale de voirie doit être demandée.

1.2.9.7. Dépôt momentané de matériaux

Les tas de sable, graviers et autres matériaux ne peuvent être déposés et stockés sur la voie publique que sous condition impérative d'être enlevés immédiatement à l'intérieur de l'immeuble, et de ne pas causer de gêne à la circulation automobile et piétonnière. En cas d'empêchement exceptionnel, une autorisation doit être obtenue.

a) Ville de Paris

La demande est faite auprès du commissariat de police de l'arrondissement où sont prévus les travaux.

Elle est adressée sur papier à en-tête de l'entreprise, en trois exemplaires, et comporte les indications suivantes :

- la nature des matériaux déposés ;
- la durée prévisionnelle du dépôt ;
- le lieu du dépôt et les précautions prises pour assurer la sécurité des usagers de la voie publique.

b) Autres communes

La demande est faite auprès des services techniques de la mairie de la localité où sont prévus les travaux.

1.2.9.8. Fouilles en tranchées sur voie publique

a) Ville de Paris

La demande est à faire auprès de la STV qui délivre les imprimés. Elle fait suivre la demande au commissariat de police d'arrondissement qui, après l'avoir visée, la transmet à la préfecture de police, Bureau technique de la circulation – 227, avenue Jean-Jaurès – 75019 Paris – Tél. 01 44 52 57 35. C'est ce service qui délivre l'autorisation à l'entrepreneur.

Deux cas sont à considérer :

- Fouilles d'une surface inférieure à 7 m^2 :

  La demande à formuler à la circonscription de voirie est faite suivant la procédure dite feuille de fouille.

- Fouilles d'une surface supérieure à 7 m^2 :

  La demande est faite suivant la procédure dite demande de barrage.

Dans les deux cas, l'entrepreneur doit remplir auprès de la STV concernée un formulaire d'engagement concernant les dépenses occasionnées pour les travaux de réfection des ouvrages de la voie publique, et remettre un chèque à titre de provision.

La demande de l'entrepreneur implique une réunion sur place des différents intéressés. Cette réunion est provoquée à l'initiative de la préfecture de police, Bureau technique de la circulation.

b) Autres communes

La demande est à formuler auprès du service de voirie rattaché aux services techniques de la mairie du lieu des travaux.

1.2.9.9. Neutralisation de zone de stationnement

a) Ville de Paris

Stationnement non payant

Une demande de neutralisation de stationnement est à adresser en deux exemplaires, sur papier à en-tête de l'entreprise, au commissariat de police d'arrondissement du lieu des travaux en précisant :

- le motif de la demande ;
- la longueur du stationnement neutralisé ;
- la position du stationnement par rapport au chantier ;
- la date de début et de fin de la neutralisation.

La demande est transmise par le commissariat à la préfecture de police, Direction de la circulation, des transports et du commerce (DCTC) – 1er Bureau, – 9, boulevard du Palais – 75195 Paris, qui délivre l'autorisation.

Stationnement payant

Une demande est à adresser en deux exemplaires, sur papier à en-tête de l'entreprise, au commissariat de police d'arrondissement en précisant :

- le motif de la demande ;
- le nombre de places de stationnement payant neutralisées ;
- la position du stationnement par rapport au chantier ;
- la date du début et de la fin de la neutralisation.

Le commissariat transmet la demande à la préfecture de police, Direction de la circulation, des transports et du commerce (DCTC) – 1er Bureau, qui délivre l'autorisation.

Munie de son autorisation, l'entrepreneur doit se rendre à la mairie de Paris, Division du stationnement payant – 15, boulevard Carnot – 75012 Paris – Tél. 01 43 46 98 30, pour le paiement d'une indemnité forfaitaire, fonction de la durée et du lieu de stationnement.

Suivant le lieu de la neutralisation, certaines dispositions sont à prendre concernant les parcmètres ou horodateurs. En principe, ces dispositions sont les suivantes :

- Pour une durée de neutralisation inférieure à un mois, aucune dépose des appareils n'est nécessaire. L'entreprise neutralise elle-même les parcmètres en entourant leur tête d'un sac plastique fermé par un ruban adhésif. Elle ôtera cette neutralisation en fin de travaux.
- Pour une durée de neutralisation supérieure à un mois, la dépose des têtes de parcmètres est obligatoire sur signalement de la STV. Cette opération est réalisée gratuitement par les services de voirie.
- S'il est nécessaire de déposer également les pieds des parcmètres ou des horodateurs, la dépose et la repose seront facturées à l'entreprise ainsi que la réfection du marquage au sol.

Dans les deux cas, stationnement payant ou non payant, l'entreprise est tenue d'installer au début de la zone de stationnement à interdire, puis tous les 15 mètres environ, des panneaux d'interdiction de stationnement. Un panneau de fin d'interdiction de stationner doit être mis en place à la fin de la zone de travaux.

b) Autres communes

L'entreprise dépose une demande auprès du commissariat de police et des services techniques de la mairie de la localité où sont prévus les travaux.

1.2.10. Demandes de branchement aux concessionnaires de réseaux

Les demandes de branchement aux concessionnaires de réseaux doivent comporter un plan d'installation de chantier précisant les points d'alimentation à partir desquels sera assurée la distribution sur le chantier.

1.2.10.1. Branchement d'eau

La demande sera adressée à la société concessionnaire de réseaux (se renseigner à la mairie pour en connaître les coordonnées).

1.2.10.2. Branchement d'électricité

La demande sera adressée, pour Paris, au service technique d'électricité du centre de distribution EDF-GDF, et pour la banlieue ou la province, à l'agence d'exploitation EDF-GDF.

1.2.10.3. Branchement téléphonique

S'adresser à l'agence commerciale des télécommunications dont dépend le lieu des travaux.

1.2.10.4. Branchement d'égout

Pour Paris, la demande est à adresser à la subdivision de la section des égouts dont dépend le lieu des travaux.

Pour les autres communes, la demande est à adresser aux services techniques de la mairie.

Après examen, le service des égouts concerné transmet la demande à la circonscription de voirie du lieu des travaux, qui consulte tous les services concessionnaires et transmet ses observations à l'entreprise.

1.2.11. Déclaration d'intention de commencement des travaux à adresser aux possesseurs de réseaux souterrains

La procédure d'information relative à l'exécution de travaux à proximité de certains ouvrages souterrains, aériens ou subaquatiques, de transport ou de distribution, est en vigueur depuis le 30 novembre 1995.

Les travaux concernés sont précisément définis dans les annexes I à VII du décret du 14 octobre 1991 (n° 91-61147, *JO* du 9 novembre 1991).

Chaque intervenant a des obligations spécifiques en matière d'information :

- l'exploitant est tenu de fournir toute information portant sur le tracé des ouvrages ;
- le maître d'ouvrage doit se renseigner sur la présence de réseaux souterrains lors de l'élaboration du projet ;
- l'entrepreneur est chargé d'adresser une Déclaration d'intention de commencement des travaux (DICT).

Les entreprises doivent adresser une déclaration d'ouverture de chantier aux administrations, établissements ou possesseurs de réseaux souterrains. Elle a pour objet de demander aux exploitants d'ouvrages leurs recommandations ou prescriptions techniques avant d'entreprendre des travaux à proximité de leurs ouvrages ou réseaux souterrains, aériens ou subaquatiques situés sur le domaine public ou privé. Ces recommandations ont pour but d'assurer la sécurité des personnes, agents des entreprises intervenantes et tiers, et d'éviter tout dommage aux ouvrages.

▶ La DICT est adressée par toute entreprise intervenante (titulaire du marché, sous-traitant, membre d'un groupement) chargée de l'exécution de travaux situés dans une zone où sont implantés de tels ouvrages, ou par tout particulier qui a l'intention de les effectuer seul.

▶ La déclaration doit être reçue par les exploitants au moins dix jours avant le début des travaux.

Les exploitants doivent répondre par récépissé au plus tard neuf jours après la date de réception de la DICT. Sans réponse après ce délai, l'entrepreneur peut engager les travaux trois jours, non compris dimanches et jours fériés, après l'envoi d'une lettre de rappel, confirmant à tous les exploitants concernés son intention.

Dans leur réponse, les exploitants communiquent le maximum de renseignements sur l'emplacement des ouvrages ainsi que leurs recommandations techniques pour l'exécution des travaux.

Dans un but de simplification, l'administration a établi un formulaire intitulé Déclaration d'intention de commencement de travaux (modèle Cerfa 90-0189). Ce formulaire se compose de deux liasses de cinq feuillets autocopiants et est disponible en téléchargement sur Internet à l'adresse suivante :

http://www.lesformulaires.cerfa.gouv.fr/servform/vigueur/formul/90V0189.pdf

La liste des destinataires de ces feuillets est la suivante :

- Feuillet 1 : service de la voirie du lieu des travaux ;
- Feuillet 2 : agence d'exploitation d'EDF (centre de distribution commun à EDF et GDF) ;
- Feuillet 3 : représentant local du service distributeur de gaz ;
- Feuillet 4 : représentant local du service transporteur de gaz ;
- Feuillet 5 : centre de construction des lignes (télécommunications) ;
- Feuillet 6 : centre de câbles du réseau national (télécommunications) ;
- Feuillet 7 : groupe d'intervention des transmissions (télécommunications)

  Les entreprises doivent se mettre en relation avec le service SOVTEL (Sauvegarde des ouvrages en voirie des télécommunications) rattaché à une direction opérationnelle des télécommunications qui leur donnera, suivant la localisation exacte des travaux, les coordonnées de chacun de ces trois services à informer ;
- Feuillet 8 : service gestionnaire du réseau de distribution d'eau (Société concessionnaire pour la distribution de l'eau) ;
- Feuillet 9 : mairie du lieu des travaux ;
- Feuillet 10 : feuillet destiné au déclarant ;

Par ailleurs, il y a lieu de consulter, pour Paris et certaines communes de la banlieue parisienne :

- la Régie autonome des transports parisiens (RATP) pour ses ouvrages et réseaux électriques enterrés ;
- la Compagnie parisienne de chauffage urbain (CPCU) ;
- la Société urbaine d'air comprimé (SUDAC).

Les détails donnés pour l'Île-de-France ne sont pas les mêmes pour les autres départements. L'agglomération urbaine de Paris, comme d'autres villes de province, a créé un dispositif qu'il faut prendre en compte dans la zone d'activité considérée. Les différents renseignements sont à prendre auprès des fédérations nationales du bâtiment et des travaux publics (des manuels spécialisés établis par ces derniers indiquent les adresses utiles).

Les travaux non entrepris dans un délai de deux mois à compter de la date du récépissé de la DICT nécessitent le renouvellement de celle-ci.

Dispenses d'envoi d'une DICT

- Lorsque la réponse des exploitants indique que les travaux envisagés n'entrent pas dans le champ d'application du décret (dans un délai de six mois après la demande de renseignements).
- Lorsque les exploitants n'ont pas répondu dans le délai d'un mois à la demande de renseignements de l'entrepreneur.
- En cas d'urgence ou de force majeure, les travaux indispensables peuvent être effectués par l'entrepreneur sans DICT préalable, à condition qu'il en avise sans délai l'exploitant et le maire de la commune. La DICT demeure obligatoire pour les installations électriques.

> ► **Attention :** Pour les travaux au voisinage d'ouvrages aériens ou souterrains de transport ou de distribution d'électricité, il convient de suivre les procédures de mise hors tension ou autres dispositions protectrices prévues par les articles 171 à 185 du décret du 8 janvier 1965.

1.2.12. Déclaration d'ouverture du chantier aux organismes de prévention

1.2.12.1. Travaux concernés

Les chefs d'entreprise doivent obligatoirement tenir à la disposition de l'inspecteur du travail, au siège de leur établissement, une liste de leurs chantiers et autres lieux de travail à caractère temporaire. En outre, dans les cas suivants :

- lorsque l'effectif journalier est supérieur à dix personnes pendant plus d'une semaine ;
- pour la réalisation de travaux dangereux ;
- lorsque sont employés des procédés dangereux susceptibles de provoquer des maladies professionnelles.

Liste des principaux travaux dangereux proposée par la Sécurité sociale dans un but réglementaire :

- travaux de construction ou d'entretien des châteaux d'eau ;
- travaux effectués à grande hauteur : cheminées d'usines, charpentes métalliques, pylônes, clochers d'église, etc. ;

- travaux effectués au-dessus ou en bordure de l'eau (ponts, quais, etc.) présentant des risques de noyade ;
- travaux de construction, d'entretien ou de réfection de ponts (au-dessus de voies ferrées et de routes) ;
- travaux souterrains ;
- travaux de terrassement effectués à plus de 1,50 m de profondeur (fouilles, tranchées, puits, etc.) ;
- travaux sur toiture d'une durée de plus d'une journée ;
- travaux nécessitant l'emploi d'explosifs ;
- travaux exécutés à l'intérieur de cuves, réservoirs, citernes, tanks, réseaux d'égouts, etc. susceptibles d'engendrer des risques d'intoxication, d'asphyxie ou d'explosion ;
- travaux effectués avec un pistolet de scellement ;
- travaux nécessitant l'utilisation d'une scie circulaire ;
- travaux dans les caissons ou travail de scaphandrier.

1.2.12.2. Destinataires

> ▶ Une déclaration d'ouverture du chantier doit impérativement être adressée huit jours avant l'ouverture aux organismes suivants :
>
> - la Caisse régionale d'assurance maladie (CRAM) ;
> - l'Organisme professionnel de prévention du bâtiment et des travaux publics (OPPBTP) ;
> - l'Inspection du travail et de l'emploi.

La déclaration doit être adressée à la section de la Direction départementale du travail et de l'emploi (DDTE) dont dépend le lieu des travaux.

1.2.12.3. Imprimé

Les entreprises peuvent utiliser un imprimé sous forme de liasse intitulé *Avis d'ouverture d'un chantier de bâtiment et de travaux publics occupant au moins dix salariés pendant plus d'une semaine* dont un modèle est présenté en Annexe 2, défini par l'arrêté du 23 septembre 1957.

Les entreprises peuvent se procurer cet imprimé auprès de la CRAM ou de l'OPPBTP.

1.3. Sécurité et protection de la santé

1.3.1. Plan général de coordination (PGC)

Le Plan général de coordination (PGC) présente le projet et définit la mission du Coordonnateur de sécurité et protection de la santé (CSPS).

Cette mission peut être incluse ou non dans le marché de l'entreprise considérée. Elle peut être confiée par le maître d'ouvrage à un organisme spécialisé mais en aucun cas à l'entreprise générale ou au mandataire commun.

Le coordonnateur ne doit pas être confondu avec le pilote. Il établit le PGC et veille à ce que les principes généraux de sécurité prévus soient effectivement mis en œuvre.

1.3.2. Plan particulier de sécurité et de protection de la santé (PPSPS)

L'élaboration du Plan particulier de sécurité et de protection de la santé (PPSPS) prévu par la loi du 31 décembre 1993 et applicable aux opérations de bâtiment et de génie civil en vue d'assurer la sécurité et de protéger la santé des travailleurs, est définie par le décret du 26 décembre 1994.

L'entrepreneur est tenu d'établir ce PPSPS et de le remettre au CSPS après inspection commune organisée par ce dernier. Cette obligation est applicable à tout entrepreneur intervenant sur le site (titulaire, co-traitant, sous-traitant).

Le délai de remise du PPSPS au CSPS est fixé par le décret du 26 décembre 1994 ou au plus tard à la fin de la période de préparation (marchés privés).

1.3.3. Les obligations de l'entrepreneur en matière de SPS

Tout entrepreneur intervenant s'engage à respecter l'ensemble des mesures définies dans le PGCSPS (que l'entrepreneur titulaire a signé dans le cadre du marché), il est tenu également :

- de laisser libre accès au chantier au coordinateur SPS ;
- de communiquer au CSPS :
  - le PPSPS et ses mises à jour adaptés au chantier et aux travaux à réaliser,
  - tous les documents relatifs à la sécurité et à la protection de la santé,
  - la liste des personnes autorisées à accéder sur le chantier (qu'il est tenu de mettre à disposition de l'inspection du travail lors de toute visite),
  - les effectifs prévisionnels affectés au chantier,
  - les noms et coordonnées des sous-traitants, quel que soit leur rang,
  - les informations et documents nécessaires à la constitution du DIUO (Dossier d'intervention ultérieure sur les ouvrages),
- d'informer le CSPS de toutes les réunions ayant des incidences sur la sécurité et la protection de la santé ;
- de donner suite à toutes les observations ou remarques du CSPS (et de viser ces observations consignées au registre-journal).

CHAPITRE 2

GESTION ET SUIVI DES TRAVAUX

2.1. Les affichages extérieurs au chantier

2.1.1. Affichage du permis de construire

Le Code de l'urbanisme impose que soient affichées sur le chantier, de manière visible depuis la voie publique, la mention du permis de construire et celle du permis de démolir. À cet effet, un panneau rectangulaire de dimensions supérieures à 80 cm doit indiquer lisiblement :

- le nom, la raison sociale ou la dénomination du bénéficiaire ;
- la date et le numéro du ou des permis ;
- la nature des travaux ;
- la superficie du terrain ;
- la superficie des planchers autorisés ;
- la hauteur de la construction exprimée en mètres par rapport au terrain naturel ;
- l'adresse de la mairie où le dossier peut être consulté.

Le défaut d'affichage est passible d'une amende allant de 100 € à 300 €.

Se référer à l'article A. 427-7 du Code de l'urbanisme et au décret n° 79-492 du 13 juin 1979.

2.1.2. Panneau d'entreprise

Dans le cadre de la lutte contre le travail clandestin, le Code du travail (article R. 324-1) impose que soit affiché sur le chantier un panneau lisible depuis la voie publique et comportant :

- le nom et la raison sociale de chaque entreprise intervenante ;
- leur adresse et numéro de téléphone.

2.1.3. Panneaux relatifs à la sécurité

Les panneaux du type : *Chantier interdit au public* ou *Port du casque obligatoire* sont à placer au droit de chaque accès du chantier.

2.1.4. Panneau sur palissades et échafaudages

Les arrêtés du 19 avril 1996 prescrivent l'apposition sur l'échafaudage ou la palissade d'un panneau lisible à une distance d'au moins cinq mètres indiquant :

- le nom et l'adresse du bénéficiaire de l'autorisation d'installation ;
- le nom, l'adresse et le numéro d'inscription au registre du commerce et des sociétés ou au répertoire des métiers, de l'entreprise ayant construit l'échafaudage ou monté la palissade ;

- le nom, l'adresse et le numéro d'inscription au registre du commerce et des sociétés ou au répertoire des métiers, de l'entreprise au bénéfice de laquelle a été construit l'échafaudage ou mise en place la palissade ;
- la date de délivrance de l'autorisation ;
- la date de réception ou de mise en service de l'échafaudage.

2.1.5. Panneau sur bennes à gravois

Les arrêtés du 19 avril 1996 prescrivent également l'apposition sur les bennes à gravois d'un panneau lisible à une distance minimale de cinq mètres, indiquant :

- les noms et adresses du bénéficiaire de l'autorisation et du propriétaire de la benne ;
- les numéros d'inscription au registre du commerce ou au répertoire des métiers de ceux-ci.

2.2. Les affichages intérieurs au chantier

2.2.1. Adresses utiles en cas d'accident

Le décret du 8 janvier 1965 fait obligation d'afficher sur les chantiers de plus d'une semaine les adresses et numéros de téléphone des services d'urgence à contacter en cas d'accident. Les entreprises peuvent se procurer auprès de l'OPPBTP une affiche en couleur dont un modèle figure en Annexe 2.

2.2.2. Les consignes de sécurité réglementaires

La réglementation du travail fait obligation aux entreprises de mettre à la disposition du personnel des services du travail et de la main-d'œuvre un certain nombre de moyens d'information et de contrôle sous forme d'affiches et de registres en ce qui concerne les engins de levage, les installations électriques, les consignes de sécurité en cas d'incendie, etc.

2.2.3. Autres affiches

Dans les vestiaires ou réfectoires de chantier doivent être affichés :

- les horaires de travail du chantier ;
- le nom, l'adresse et le numéro de téléphone de l'inspecteur du travail compétent, avec indication des jours et heures de réception ;
- l'adresse et le numéro de téléphone du médecin du travail ;
- le règlement intérieur de l'entreprise.

2.3. Documents et modèles à tenir sur le chantier

Pour pouvoir intervenir rapidement et de manière efficace, le conducteur de travaux doit disposer sur place d'une documentation indispensable au suivi de la qualité et à la réussite du chantier.

2.3.1. Documents généraux

- le CCAG des marchés publics ;
- la norme NF P 03-001 du Cahier des clauses administratives générales applicable aux travaux de bâtiment faisant l'objet de marchés privés ;
- les principaux Documents techniques unifiés (DTU), voir Annexe 1 ;
- les règles et recommandations professionnelles ;
- le manuel qualité de l'entreprise avec les dispositions relatives à l'organisation, ou système qualité, et les procédures propres à l'entreprise ;
- des livres techniques de base.

Une version électronique de la plupart des documents cités ci-dessus est disponible à partir du CD-Reef, version numérisée du Reef, édité par le CSTB. Une présentation de ce support électronique est présente sur le site Internet du CSTB à l'adresse suivante :

http://www.cstb.fr/frame.asp?URL=/app/reef/a_propos.htm

Vous pouvez vous procurer directement ce support sur la « Boutique du CSTB » :

http://boutique.cstb.fr/dyn/cstb/fiche_produit.asp?sku=98

ou envoyer votre commande par courrier à l'adresse suivante :

CSTB

Service Publications Diffusion

BP 02

77421 Marne-La-Vallée Cedex 2

Fax : 01 64 68 84 78

E-mail : publications@cstb.fr

2.3.2. Documents spécifiques au chantier

- la liste et les coordonnées des intervenants du chantier ;
- le dossier marché (cf. chapitre 1.1.2, p. 4) ;
- les marchés des sous-traitants ;
- le dossier des plans Bons pour exécution (BPE) par corps d'état ;
- l'ensemble des comptes rendus de chantier ;
- les commandes des fournisseurs ;

- le Plan d'assurance qualité (PAQ) ;
- le Plan particulier de sécurité et de protection de la santé (PPSPS) ;
- les cahiers d'observation des différents contrôleurs ;
- les registres obligatoires : registre unique du personnel, registre des observations et mises en demeure de l'inspection du travail, registre des contrôles techniques de sécurité, registre des observations, etc. ;
- les documents concernant l'hygiène et la sécurité ;
- la totalité des différents plannings de l'opération, tenus à jour et affichés (cf. chapitre 1.2.7, p. 12).

2.3.3. Modèles – Prototypes – Échantillons

Prévoir dans la salle de réunion une exposition des matériels, fournitures et échantillons retenus par le maître d'œuvre.

2.4. Mesures d'hygiène sur les chantiers

Obligation est faite à chaque entrepreneur d'assurer la sécurité du chantier, l'hygiène et la sécurité des travailleurs, et la sécurité publique. Il doit procéder aux épreuves et vérifications réglementaires du matériel utilisé sur le chantier.

Chaque entrepreneur doit assurer une surveillance continue du respect des règles de sécurité afin d'éviter tout accident. Il reste responsable de tous les accidents et dommages causés par ses agents ou ouvriers.

2.4.1. Locaux sanitaires à installer sur les chantiers d'une durée inférieure à quatre mois, quel que soit l'effectif

Ces installations sont spécifiées dans le décret du 8 janvier 1965, articles 187 à 192 bis modifiés.

2.4.1.1. Vestiaires

Local chauffé, éclairé, aéré, nettoyé une fois par jour :

- pourvu d'un nombre suffisant de **sièges et d'armoires-vestiaires individuelles**, sinon, nombre de patères suffisant ;
- interdiction d'entreposer des matériaux ou des produits salissants ou dangereux.

2.4.1.2. Lavabos

- Lavabos à eau potable ou rampes, si possible à température réglable, à raison d'**un robinet pour dix travailleurs** ;
- Mise à disposition de **savon et moyens de séchage** et d'essuyage appropriés, nettoyés et changés chaque fois que nécessaire.

2.4.1.3. Poste de distribution d'eau

Eau potable et fraîche à raison d'au moins trois litres par jour et par travailleur.

2.4.1.4. Réfectoire

- Si les travailleurs prennent leur repas sur le chantier, le local réfectoire doit être pourvu :
- de tables et de chaises en nombre suffisant ;
- d'un appareil permettant le réchauffage ou la cuisson des aliments (chauffe-gamelles) ;
- d'un garde-manger ;
- d'un réfrigérateur si possible.

2.4.1.5. Cabinets d'aisances

Pas de dérogation au droit commun (application de l'article R. 232-2-5 du Code du travail) : désinfectés chaque jour, les cabinets d'aisances doivent être mis en place dans un local chauffé, aéré, nettoyé, muni de portes pleines équipées de dispositifs de fermeture décondamnables de l'extérieur, à raison d'au moins :

- **un cabinet d'aisances et un urinoir pour vingt hommes** ;
- deux cabinets pour vingt femmes.

2.4.1.6. Exceptions

Si la nature du chantier (chantier mobile et/ou à faible effectif) ne permet pas de mettre en place les locaux sanitaires, des véhicules spécialement aménagés à cet effet peuvent être utilisés pour permettre aux salariés d'assurer leur propreté individuelle, de disposer de cabinets d'aisances et de vestiaires à l'abri des intempéries.

Si la disposition des lieux ne permet pas d'installer les locaux sanitaires ni d'utiliser un véhicule aménagé, l'employeur est tenu de rechercher à proximité du chantier un local ou un emplacement offrant des conditions au moins équivalentes.

2.4.2. Locaux sanitaires à installer sur les chantiers d'une durée supérieure à quatre mois, quel que soit l'effectif

Ces installations sont spécifiées dans le Code du travail, articles R. 231-1 et suivants.

2.4.2.1. Vestiaires

Local d'une surface convenable (**1 m² par personne au minimum**) :

- aéré, chauffé, éclairé, nettoyé une fois par jour ;
- pourvu de **sièges en nombre suffisant et d'armoires individuelles fermant à clé et pouvant contenir deux vêtements de ville** (et un vêtement de travail si nécessaire).

2.4.2.2. Lavabos

Eau potable à température réglable et distribuée à raison d'un lavabo pour dix personnes au plus.

Mise à disposition de **savon et moyens de séchage** et d'essuyage appropriés, nettoyés et changés chaque fois que nécessaire.

2.4.2.3. Eau potable

Eau potable et fraîche obligatoire.

Si les conditions de travail le justifient et après avis du CHSCT (ou délégués du personnel) et du médecin du travail : distribution de boissons non alcoolisées.

2.4.2.4. Réfectoire

- Inférieur à 25 repas

Emplacement permettant aux salariés de se restaurer dans de bonnes conditions d'hygiène : local couvert, aéré, chauffé et doté des équipements nécessaires.

- Supérieur à 25 repas

Local de restauration, d'une **surface minimale de 1,30 m^2 par personne**, pourvu de :

- sièges et tables en nombre suffisant ;
- robinet d'eau froide et chaude pour dix personnes ;
- moyen de conservation et de réfrigération des aliments et des boissons ;
- installation pour réchauffer les plats.

2.4.2.5. Cabinets d'aisances

Désinfectés chaque jour, les cabinets d'aisances doivent être mis en place dans un local chauffé, aéré, nettoyé, muni de portes pleines équipées de dispositifs de fermeture décondamnables de l'extérieur, à raison d'au moins :

- **un cabinet d'aisances et un urinoir pour vingt hommes** ;
- deux cabinets pour vingt femmes.

2.4.2.6. Dérogation

Lorsque l'aménagement des locaux sanitaires ne peut être effectué dans les conditions réglementaires, l'inspecteur du travail peut, après avis du médecin du travail, du CHSCT ou à défaut des délégués du personnel et sur la demande de l'employeur, dispenser celui-ci de certaines obligations, à condition que les mesures prises assurent aux travailleurs des conditions d'hygiène satisfaisantes.

2.5. Accidents du travail

2.5.1. Déclaration d'accident du travail

2.5.1.1. Obligation des parties

▶ Victime d'un accident du travail

La victime dispose de 24 heures pour informer son employeur.

▶ Employeur

L'employeur dispose de 48 heures pour déclarer l'accident à la Caisse primaire d'assurance maladie (CPAM) dont relève la victime par lettre recommandée avec accusé de réception.

2.5.1.2. Imprimés à remplir par l'employeur

La déclaration doit être effectuée sur un imprimé spécial intitulé Déclaration d'accident du travail dont les trois premiers exemplaires sont destinés à la CPAM et le quatrième conservé par l'employeur. Cet imprimé est fourni gratuitement par la CPAM et est téléchargeable sur le site Internet de la CNAM à l'adresse suivante :

http://www.cnamts.fr/secu/fichiers/S6200f.pdf

2.5.1.3. Sanctions en cas de non-déclaration

- amendes : jusqu'à 750 € ;
- récidive : jusqu'à 3 000 € ;
- remboursement de la totalité des dépenses engagées à l'occasion de l'accident par l'employeur.

2.5.1.4. Formalités

Par principe, la Caisse primaire d'assurance maladie conteste provisoirement la prise en charge de l'accident du travail. Puis, par un deuxième courrier, la caisse reconnaît le bien-fondé de la déclaration d'accident s'il y a lieu.

Si la victime n'est pas prise en charge au titre de l'accident, elle peut être prise en charge à titre de maladie.

2.5.1.5. Enquête administrative

- en cas de réserves de la part de l'employeur ;
- en cas de contestation du caractère professionnel de l'accident par la caisse ;
- en cas d'observations de la part de la victime ou de l'employeur.

2.5.1.6. Poursuite pénale pour fausse déclaration

L'employeur et la Caisse ont la possibilité d'exercer des poursuites pénales envers quiconque se rendrait coupable de fraude ou de fausse déclaration.

Le Code de la Sécurité sociale prévoit une amende de 450 à 3 000 € sans préjudice et des peines plus élevées résultant d'autres lois.

2.5.2. Feuille d'accident du travail ou de maladie professionnelle

2.5.2.1. Obligation de l'employeur

L'employeur a l'obligation de remplir l'imprimé *Feuille d'accident du travail ou de maladie professionnelle*.

2.5.2.2. Imprimé à remplir par l'employeur

L'imprimé à remplir par l'employeur comporte trois volets :

- un volet destiné à la victime ;
- un volet destiné au praticien ;
- un volet destiné au pharmacien.

Lors de la reprise du travail, l'employeur doit remplir la case *Interruption de travail* du volet n° 1 pour permettre à la victime de l'adresser au centre de Sécurité sociale.

Cet imprimé est fourni gratuitement par la Caisse primaire d'assurance maladie.

2.5.2.3. Sanctions en cas de non-déclaration

- amende : jusqu'à 750 € ;
- récidive : jusqu'à 3 000 € ;
- remboursement de la totalité des dépenses engagées à l'occasion de l'accident par l'employeur.

2.5.2.4. Gratuité des soins

Les soins dispensés à l'occasion d'un accident du travail (médecin, pharmacien, etc.) sont gratuits. Le praticien et le pharmacien se font rembourser directement par la Sécurité sociale à l'aide des volets de l'imprimé rempli par l'employeur.

▶ La délivrance de la feuille d'accident du travail ou de maladie professionnelle ne dispense pas l'employeur de l'envoi à la Caisse primaire d'assurance maladie des trois exemplaires de la déclaration d'accident.

Les employeurs ont la possibilité, sous certaines conditions, de ne pas déclarer les accidents du travail n'entraînant ni arrêt de travail ni soins médicaux, sous réserve de les inscrire sur un registre spécial, et ce après autorisation de la CRAM.

Toutefois, si un accident bénin entraîne ultérieurement un arrêt de travail ou des soins médicaux, l'employeur est alors tenu d'adresser dans les 48 heures une déclaration d'accident à la Caisse primaire d'assurance maladie dont relève la victime.

2.5.3. Carnet de soins

2.5.3.1. Obligation de l'employeur

Ce formulaire est à tenir obligatoirement en vertu des lois et règlements en vigueur.

2.5.3.2. Objet du carnet

La tenue du carnet permet à l'entreprise de bénéficier de la participation de la Caisse régionale aux soins d'urgence donnés aux victimes d'accidents du travail :

- ▶ soins immédiats à des blessés graves ou légers ;
- ▶ soins à des blessés légers qui n'interrompent pas leur travail.

2.5.3.3. Utilisation du carnet

Mentionner tous les accidents ayant donné lieu à des soins d'urgence et tous les renouvellements de soins à la suite d'un accident.

2.5.3.4. Fourniture et renouvellement du carnet

Les carnets sont fournis gratuitement par la Caisse régionale d'assurance maladie. Ils sont valables pour l'année civile au cours de laquelle ils sont délivrés.

2.5.3.5. Consultation et contrôle

Pendant l'année en cours, le carnet est conservé par l'entreprise. Il est tenu à disposition :

- ▶ de la victime ou de ses ayants droit ;
- ▶ des agents de contrôle de la Caisse primaire ou de la Caisse régionale ;
- ▶ de l'inspecteur du travail.

Après expiration de la validité du carnet, ce dernier est adressé par l'entreprise à la Caisse régionale d'assurance maladie où il peut être consulté par les victimes (ou leurs ayants droit) et par l'employeur.

2.5.3.6. Sanctions

En cas de tenue incorrecte du carnet et à titre de sanction, la participation de la Caisse régionale peut être suspendue, réduite ou supprimée.

▶ La tenue du carnet ne dispense nullement l'employeur de l'envoi à la Caisse primaire d'assurance maladie des trois exemplaires de la déclaration d'accident ou de l'enregistrement des accidents bénins sur un carnet spécial.

2.5.4. Trousse de pharmacie

Il est **obligatoire** de disposer sur le chantier d'une trousse de pharmacie pour les premiers soins. Les produits pharmaceutiques peuvent être fournis **gratuitement** par la Caisse régionale d'assurance maladie.

2.6. Compte rendu de chantier

Les comptes rendus de chantier sont établis à la suite des réunions de chantier. En effet, au fur et à mesure de l'exécution du chantier, des réunions de chantier sont organisées – le plus souvent par la maîtrise d'œuvre. Ces réunions ont pour effet de constater l'avancement des travaux ou les éventuelles difficultés rencontrées.

Les comptes rendus de chantier sont rédigés par la personne qui a en charge la gestion du chantier. Il s'agit du MOE, parfois du maître d'ouvrage délégué ou de l'entrepreneur principal dans le cadre de la sous-traitance.

2.6.1. Intérêt de participer aux réunions de chantier

Il est indispensable pour l'entrepreneur de participer à ces réunions de chantier pour :

- expliquer les difficultés qu'il rencontre ;
- faire les demandes nécessaires pour une meilleure organisation de son travail (gestion des interfaces des différents corps d'état).

Sa présence au cours des réunions de chantier permet aussi à l'entrepreneur de s'opposer aux arguments qui pourraient être émis par les autres corps d'état ou par l'architecte sur la mauvaise exécution de sa prestation ou encore le retard qu'il aurait pris dans l'exécution de celle-ci.

L'absence de l'entrepreneur à ces réunions peut être sanctionnée par des pénalités en plus des autres conséquences évoquées ci-après.

Ces comptes rendus de chantier indiquent :

- la situation périodique de l'avancement de l'ouvrage ;
- les discussions tenues au cours de ladite réunion ;

- la présence et l'absence des différentes entreprises et autres parties prenantes convoquées ;
- les mesures à prendre et les travaux à corriger ou à parfaire.

Le compte rendu de chantier est réputé contradictoire. Il est signifié à l'ensemble des parties, présentes ou non.

2.6.2. Nécessité de vérifier le contenu du compte rendu de chantier

Une fois que l'entrepreneur reçoit le compte rendu de chantier, il lui appartient de vérifier très précisément son contenu et de faire les observations qu'il juge nécessaires.

> ▶ L'entrepreneur a intérêt à procéder à la vérification du compte rendu de chantier dans les plus brefs délais, afin que ses observations ou contestations soient prises en compte lors du prochain rendez-vous.

Il ne manquera pas d'envoyer ses observations au maître d'œuvre ainsi qu'au maître d'ouvrage de manière à se prémunir contre d'éventuelles conséquences telles que pénalités de retard, litige lors du solde du compte *prorata*, etc.

En effet, si le chantier connaît des retards, l'entrepreneur pourra toujours justifier sa position par sa présence continue au cours des réunions de chantier et par ses observations sur les différents comptes rendus de chantier.

Si l'entrepreneur manque de vigilance sur ce point, il s'expose à se voir imputer des pénalités de retard ou à subir un partage désavantageux du solde du compte *prorata*.

Les comptes rendus ne peuvent donc pas faire office d'ordre de service pour commander des travaux supplémentaires. En revanche, les comptes rendus de chantier ont valeur de constat puisqu'ils sont signés par le maître d'œuvre et approuvés par les entrepreneurs. Ils sont un complément des contestations et attachements. Ils sont d'ailleurs généralement dénommés procès-verbaux.

> ▶ Les comptes rendus de chantier n'ont pas de caractère contractuel ni de valeur juridique (sauf précision contraire dans les documents du marché).

2.7. Situation de travaux

Chaque fin de mois ou à la date précisée dans les pièces du marché, l'entrepreneur établit une situation de travaux qu'il est tenu de remettre au maître d'œuvre. Ce décompte permet de déterminer le montant total des sommes auxquelles il peut prétendre, du fait de l'exécution du marché et ce depuis le commencement des travaux.

2.7.1. Travaux réalisés aux conditions du marché

Dans la plupart des marchés, le décompte doit comporter le relevé des travaux exécutés, tels qu'ils résultent de constats contradictoires ou de simples appréciations. Les prix unitaires ne sont jamais fractionnés pour tenir compte des travaux en cours d'exécution. Les prix forfaitaires peuvent l'être si l'ouvrage ou la partie d'ouvrage à laquelle le prix se rapporte n'est pas terminé : il est alors compté une fraction du prix égale au pourcentage d'exécution de l'ouvrage ou de la partie de l'ouvrage. Pour déterminer ce pourcentage, il est fait usage, si le maître d'œuvre l'exige, de la décomposition de prix forfaitaire annexée au marché.

Désignation des ouvrages	Unité	Quantité	Prix unitaire	Prix total	% avancé	Total avancé
Poteau type A2	U	52	241,24 €	12 544,40 €	53 %	6 648,53 €
Poteau type A3	U	24	217,29 €	5 214,93 €	24 %	1 251,58 €

2.7.2. Modification de la masse des travaux

MARCHÉS PRIVÉS	MARCHÉS PUBLICS
Montant des travaux supplémentaires Le montant de l'augmentation des travaux est évalué dans les mêmes conditions que les prix fixés au marché. Se référer à l'article 11.1.1.2. de la NF P 03-001.	**Montant des travaux supplémentaires** Sauf indication contraire, les prix sont établis sur les mêmes bases que les prix du marché, notamment aux conditions économiques en vigueur le mois d'établissement de ces prix. Les prix unitaires contenus dans la décomposition sont utilisés pour l'établissement des nouveaux prix. Se référer à l'article 14. du CCAG.
Augmentation En cas d'augmentation dans la masse des travaux, l'entrepreneur est tenu d'exécuter les travaux supplémentaires tant que l'augmentation n'excède pas le quart du montant initial des travaux.	**Augmentation** L'entreprise peut résilier le marché si la masse de l'augmentation dépasse le dixième du marché initial. Se référer à l'article 15.22. du CCAG.

MARCHÉS PRIVÉS	MARCHÉS PUBLICS
Augmentation (suite) Le montant de l'augmentation est ajouté au prix prévu du contrat et les délais sont modifiés en conséquence. Dans le cas ou l'augmentation est de plus d'un quart, l'entrepreneur peut demander la résiliation de son marché conformément au paragraphe 22.3 de la NF P 03-001. Se référer à l'article 11.1.1 de la NF P 03-001	**Augmentation** (suite) *Obligations de l'entrepreneur* L'entrepreneur est tenu d'aviser le maître d'œuvre, un mois au moins avant la date à laquelle la masse des travaux atteindra la masse initiale. L'ordre de poursuivre les travaux au-delà de la masse initiale, s'il est donné, doit être notifié dix jours au moins avant cette date. Se référer à l'article 15.4. du CCAG.
Diminution de la masse des travaux En cas de diminution dans la masse des travaux, l'entrepreneur ne peut élever aucune réclamation tant que la diminution n'excède pas 15 % du montant initial des travaux. Dans le cas ou la diminution est de plus de 15 %, l'entrepreneur peut prétendre à une indemnité de dédommagement de ses dépenses et d'une partie du bénéfice qu'il aurait pu réaliser dans l'exécution des travaux prévus et abandonnés. Se référer à l'article 11.1.2 de la NF P 03-001	**Diminution de la masse des travaux (cas des marchés à prix forfaitaires)** Si la diminution de la masse des travaux est supérieure au vingtième de la masse initiale, l'entrepreneur a droit à une indemnisation. Se référer à l'article 16.1. du CCAG.

2.7.3. Revalorisation des travaux

La variation de prix se traduit par deux formes différentes :

- L'actualisation est une réévaluation du prix initial à un moment donné pour tenir compte uniquement de l'évolution économique entre deux dates. Elle s'effectue en une seule fois, avant le début de l'exécution.

  Dans le cas général, la formule d'actualisation est la suivante :

  Formule d'actualisation : $P_1 = P_0 \times BT_{(OS)} / BT_{réf}$

  - P_0 : prix de référence du marché.
  - $BT_{(OS)}$: indice BT au mois de signature de l'ordre de service.
  - $BT_{réf}$: indice BT au mois de la réalisation du prix du marché.

- La révision est au contraire à caractère périodique. Elle se calcule mois par mois ou acompte par acompte, au fur et à mesure de l'exécution du marché.

  La formule de révision prend généralement la forme suivante :

  Formule de révision : $P_2 = P_1 \times (0{,}15 + 0{,}85 \times BT_{mois} / BT_{(OS)})$

  - P_1 : prix actualisé du marché.
  - $BT_{(OS)}$: indice BT au mois de signature de l'ordre de service.
  - BT_{mois} : indice BT au mois de l'établissement de la situation.

Les indices BT par corps d'état sont publiés au *Journal officiel (JO)* et sont également disponibles sur le site Internet du Moniteur : http://www.lemoniteurbtp.com.

2.7.4. Avance forfaitaire de démarrage

Il s'agit d'une mesure spécifique aux marchés publics (se référer aux articles 87 et 105 du Code des marchés publics). L'avance forfaitaire est obligatoire pour les marchés supérieurs à 90 000 € HT.

- Si la durée d'exécution du marché est inférieure à 12 mois :
- Montant de l'avance = 5 % du prix de base du marché.
- Si la durée d'exécution du marché est supérieure à 12 mois :

  Montant de l'avance = 5 % du montant des travaux à exécuter durant les 12 premiers mois, soit :

Calcul de l'avance forfaitaire de démarrage : $A = 0{,}6 \times M / N$

- A : Montant de l'avance forfaitaire.
- N : Délai d'exécution en mois.
- M : Montant du prix de base du marché.

Le montant de l'avance forfaitaire ne peut être affecté par la mise en œuvre d'une clause de variation de prix.

Le remboursement de l'avance forfaitaire commence lorsque le montant des sommes mandatées au titre du marché atteint 65 % du marché initial et est terminé lorsque ce montant atteint 80 %.

> ▶ L'entrepreneur peut refuser l'avance forfaitaire, auquel cas, il doit le préciser lors de la rédaction de l'acte d'engagement.

2.7.5. Retenue de garantie - Cautionnement

Le maître d'ouvrage se prémunit contre la défaillance éventuelle de l'entrepreneur par le cautionnement du marché (marchés publics) ou par une retenue de garantie (marchés privés). Les paiements des acomptes sont amputés d'une retenue de garantie dont le montant est égal à 5 % du montant total des travaux (y compris travaux supplémentaires), à moins que le CCAP ne fixe un pourcentage inférieur.

Tout titulaire d'un marché peut être tenu de fournir un cautionnement en garantie de la bonne exécution du marché et du recouvrement des sommes dont il serait reconnu débiteur au titre du marché. Les modalités et les dates de constitution et de restitution du cautionnement sont fixées par le marché.

La réception marque le point de départ du délai de garantie d'un an, au terme duquel la caution ou la retenue de garantie seront libérées ; il est donc indispensable que l'entrepreneur puisse apporter la preuve de la réception des travaux.

Les présentes conditions sont applicables aux conventions de sous-traitance (se référer à l'article 20.5. de la norme NF P 03-001 et à l'article 99 du Cahier des marchés publics).

2.7.6. Compte *prorata* – Dépenses d'intérêt commun

Lorsque plusieurs entrepreneurs, tenus par un lien juridique ou non, concourent à la réalisation d'un même ouvrage, il est tenu compte des dépenses d'intérêt commun et des produits éventuels du chantier dans les conditions énumérées ci-après.

Les dépenses d'intérêt commun sont celles qui, effectuées par un ou plusieurs entrepreneurs, ont pour but ou pour effet d'assurer, en vue de la bonne marche de l'ensemble du chantier, la préparation et l'organisation du chantier, l'hygiène et la sécurité des personnes, la coordination et l'exécution des travaux.

Ne constituent en aucun cas des dépenses d'intérêt commun les fournitures ou ouvrages destinés à être reçus par le maître d'ouvrage et qui auraient été omis dans les documents du marché. Les dépenses d'intérêt commun, telles qu'elles sont définies ci-avant, incombent aux entrepreneurs participant au chantier. En aucun cas elles ne sont à la charge du maître d'ouvrage.

Les modalités de gestion et de règlement du compte *prorata* sont fixées, en l'absence de convention particulière, par l'Annexe C de la norme NF P 03-001 et peuvent se résumer comme suit :

a) Personne chargée de la tenue du compte

Lorsque les entrepreneurs sont groupés, la tenue du compte *prorata* incombe au mandataire commun. Dans les autres cas, cette fonction est attribuée à l'entrepreneur du lot principal ou à l'entrepreneur désigné par décision du comité de contrôle.

- il ouvre un compte bancaire propre à l'opération ;
- il propose le budget initial et ses modifications ;
- il propose les modalités des appels de fonds ;

- il propose les barèmes prévus à l'article C.5.2. de l'Annexe C de la norme NF P 03-001 ;
- il établit périodiquement l'état des dépenses et des recettes et le porte à la connaissance des entrepreneurs ;
- il informe le maître d'œuvre et le maître de l'ouvrage de la situation de chaque entreprise vis-à-vis du compte *prorata* ;
- il établit le projet de décompte final du compte *prorata* ;
- sauf accord spécifique, le gestionnaire du compte *prorata* est indemnisé à hauteur de 8 % des dépenses de ce compte.

b) Comité de contrôle

Le comité de contrôle comporte un nombre impair de membres et, au moins un représentant du ou des lots de structure (gros œuvre, charpente métallique), un représentant du groupe des lots de second œuvre (étanchéité, menuiserie, métallerie, sols, peinture, etc.), et un représentant du groupe des lots d'équipement (plomberie, électricité, génie climatique, ascenseurs, etc.).

Chaque membre du comité est désigné à la majorité simple des entreprises du groupe qu'il représente. Chaque entrepreneur du groupe dispose d'un nombre de voix proportionnel à l'importance du montant initial de son marché par rapport à la somme des montants initiaux des marchés des entrepreneurs du même groupe.

Un membre suppléant, destiné à remplacer le membre titulaire en cas d'absence de celui-ci, est également désigné dans les mêmes conditions.

Le maître d'œuvre peut être invité par le comité de contrôle à donner son avis.

Le comité a pour mission :

- de décider de l'engagement des dépenses communes imprévues ;
- de contrôler la tenue du compte et, en cas de contestation, d'accepter ou de refuser les factures présentées ;
- de statuer sur le solde et le règlement du compte *prorata* ;
- et plus généralement de prendre, dans le cadre du marché, toute décision utile à la détermination des obligations de chaque entrepreneur et à la bonne gestion du compte *prorata*.

Pour tout complément d'information, se référer à l'Annexe C de la NF P 03-001.

2.7.6.1. Dépenses d'équipement

INSTALLATIONS EXTÉRIEURES GROS ŒUVRE	INSTALLATIONS INTÉRIEURES CORPS D'ÉTAT SECONDAIRES	
	PRESTATIONS	LOTS
Charges temporaires de voirie	Eau	Plomberie
Branchements provisoires d'eau[1]	Électricité	Électricité
Branchements provisoires d'électricité[1]	Éclairage des circulations Éclairage de sécurité	Électricité Électricité
Branchements provisoires d'égout[1]	W-C et lavabos	Plomberie
Voies de circulation dans l'emprise du terrain[1]	Évacuation provisoire des eaux pluviales	Plomberie
Aires de chantier ou de stockage[1]		
Clôtures		
Panneaux de chantier		
Bureaux de chantier		
Installations communes d'hygiène		

2.7.6.2. Dépenses de fonctionnement

Sauf dispositions contraires des documents particuliers du marché, les communications téléphoniques sont mises à la charge respective des entreprises utilisatrices.

Les dépenses énumérées ci-après sont portées au débit du compte *prorata* :

- les consommations d'eau ;
- sauf dispositions expresses différentes, les dépenses d'énergie nécessaires aux installations de chantier ;
- les communications téléphoniques non facturées.

2.7.6.3. Dépenses d'exploitation

Sauf dispositions expresses différentes, les dépenses énumérées ci-après sont portées au débit du compte *prorata* :

1. *Le lot VRD est substitué au lot gros œuvre pour ces prestations lorsqu'il est chargé de l'établissement des voies et réseaux et qu'il est procédé à la dévolution de ce lot concurremment avec celle des autres lots de bâtiment.*

- le nettoyage du bureau de chantier et des installations communes d'hygiène ;
- les frais de gardiennage, lorsque sa mise en place a été décidée par le comité de contrôle ;
- toute autre dépense qui serait portée expressement au débit du compte *prorata*, soit par les documents particuliers du marché, soit par la convention prévue par l'article 12.3. de la norme NF P 03-001, soit par décision du comité de contrôle ;

Autres prestations :

- nettoyage et remise en état ;
- chauffage du chantier.

2.7.7. Pénalités de retard

2.7.7.1. Marchés publics

En cas de retard dans l'exécution des travaux, qu'il s'agisse de l'ensemble du marché ou d'une tranche pour laquelle un délai d'exécution partiel ou une date limite ont été fixés, il est appliqué, sauf stipulation différente du CCAP, une pénalité journalière de 1/3 000e du montant de l'ensemble du marché ou de la tranche considérée. Ce montant est celui qui résulte des prévisions du marché, c'est-à-dire du marché initial éventuellement modifié ou complété par les avenants intervenus ; il est évalué à partir des prix de base.

Les pénalités sont encourues du simple fait de la constatation du retard par le maître d'œuvre.

En cas de retard dans la remise d'une situation de travaux, il est applicable une pénalité journalière dont le montant est fixé à 1/2 000e de la différence entre le montant total de la situation présentée et celui du mois précédent.

Les samedis, dimanches et jours fériés ou chômés ne sont pas déduits pour le calcul des pénalités.

Le montant des pénalités n'est pas plafonné.

Dans le cas d'entrepreneurs groupés pour lesquels le paiement est effectué à des comptes séparés, les pénalités sont réparties entre les cotraitants, conformément aux indications données par le mandataire, sauf stipulation différente du CCAP. Dans l'attente de ces indications, les pénalités sont retenues en totalité au mandataire.

Voir l'article 20. du CCAG.

2.7.7.2. Marchés privés

Le Cahier des clauses administratives particulières peut prévoir des primes pour avance d'achèvement des travaux, des pénalités pour retard, ou les deux.

L'avance et le retard sont déterminés en considération des délais définis à l'article 10. de la NF P 03-001. Se référer à l'article 9.5. de la norme NF P 03-001.

Sauf stipulation différente, il est appliqué, après mise en demeure une pénalité de 1/1 000e du montant du marché. Les pénalités sont plafonnées à 5 %.

2.7.8. Délai de production des documents et contestations

2.7.8.1. Marchés publics

La situation de travaux doit être fournie avant la fin de chaque mois pour les travaux du mois précédent.

Le CCAG n'impose pas de délai pour la vérification des décomptes mensuels par le maître d'œuvre. Le maître d'œuvre notifie à l'entrepreneur, par ordre de service, l'état d'acompte accompagné du décompte ayant servi de base à ce dernier si le projet établi par l'entreprise a été modifié.

Le mandatement de l'acompte doit intervenir au plus tard 45 jours après la date à laquelle le projet de décompte est remis par l'entreprise au maître d'œuvre. La date du mandatement de l'acompte est portée à la connaissance de l'entrepreneur. Lorsque, en application des règles de la comptabilité publique, le comptable assignataire de la dépense suspend le paiement, le maître d'œuvre en informe l'entreprise. Le mandatement suivi d'une suspension de paiement est assimilable au défaut de mandatement pour le calcul des intérêts moratoires.

En cas de contestation sur le montant de l'acompte figurant sur l'ordre de service de notification, l'entreprise émet des réserves à la réception de l'ordre de service.

2.7.8.2. Marchés privés

À défaut de précision dans le CCAP, la situation de travaux doit être fournie dans les dix premiers jours de chaque mois pour les travaux du mois précédent. Le maître d'œuvre a un délai de 15 jours pour adresser au maître d'ouvrage le décompte provisoire qu'il établit à partir de la situation mensuelle de l'entrepreneur. Un duplicata de ce décompte provisoire est fourni à l'entrepreneur par le maître d'œuvre.

Les acomptes sont payés dans les 30 jours de la remise de la situation au maître d'œuvre, sauf stipulations contraires du CCAP. Dans le cas où l'entrepreneur conteste le montant de l'acompte, et s'il lui est donné satisfaction, le maître d'œuvre établit dans les 10 jours une proposition d'acompte complémentaire.

2.8. Décompte des jours d'intempéries

Les indemnités à accorder aux travailleurs du bâtiment et des travaux publics en cas d'intempéries sont définies par les articles L. 731-A à L. 731-13 du Code du travail.

« Sont considérées comme intempéries, pour application de la présente loi, les conditions atmosphériques et les inondations lorsqu'elles rendent effectivement l'accomplissement du travail dangereux ou impossible eu égard, soit à la santé ou à la sécurité des travailleurs, soit à la nature ou à la technique du travail à accomplir. »

▶ Les intempéries ne concernent pas que le gel ou la pluie, mais tous les phénomènes naturels. Doivent en outre être comptées comme journées d'intempéries celles pour lesquelles une impossibilité technique à poursuivre les travaux a été validée par la maîtrise d'œuvre.

Ainsi, lorsque la vitesse du vent dépasse 72 km/heure à 20 m du sol, la grue ne doit pas être utilisée.

Dès le début des travaux, il convient de distinguer :

- Le chômage-intempéries, qui réglemente les conditions dans lesquelles l'entreprise peut ou doit interrompre le travail et indemniser les travailleurs, avec toutes les conséquences financières qui en découlent.
- Les arrêts réels de chantier, qui donnent droit, contractuellement ou après négociation si le contrat est muet sur ce sujet, à une prolongation du délai contractuel.

C'est cette dernière éventualité que nous envisageons ci-après :

En général, le contrat ne doit pas laisser à l'entrepreneur le choix des critères qui permettent la prolongation des délais de travaux, conséquences de conditions météorologiques rendant impossible leur exécution.

En l'absence de toute clause, la négociation reste ouverte en revenant aux pratiques locales. L'entrepreneur ne doit pas être le seul dans ce cas à supporter les incidences des conditions météorologiques qui se répercutent sur les délais de travaux. Il est préférable de prévoir la rédaction d'une clause adaptée. Sachant que l'on doit définir une quantité de jours, la prévision de la clause correspondante devra être précise. Considérons plusieurs éléments possibles :

- « *Le maître d'œuvre définira, en fonction des conditions météorologiques, les journées qui seront à considérer comme intempéries.* »

  L'autorité du maître d'œuvre doit être certaine tout en restant objective, sinon il risque de s'ensuivre des situations conflictuelles ou la démission dans la discussion, pouvant conduire à l'augmentation du nombre de journées d'intempéries.

Le pointage des journées concernées sera quotidien et l'information sera portée sur chaque compte rendu de chantier, en précisant le nombre de journées d'intempéries de la semaine et le nombre de journées d'intempéries cumulées depuis le début des travaux. Ces diverses modalités seront généralement prévues au CCAP.

▶ *« Le délai d'exécution des travaux comprend un certain nombre de journées d'intempéries forfaitaires. »*

Les journées d'arrêt sont décomptées suivant les critères retenus, et seules celles qui dépassent les prévisions sont prises en compte pour une prolongation des délais.

▶ *La clause peut être très explicite. Dans ce cas, « seront comptées comme intempéries les journées ouvrables lorsque les observations à la station météorologique de (préciser le lieu) dépasseront les intensités limites ci-après :*

- ***Froid** : lorsque la température sera inférieure à 0 °C à 9 heures du matin ;*
- ***Pluie** : pendant 4 heures ou plus, de 6 heures à 18 heures, les précipitations étant supérieures à 6 mm ;*
- ***Vent** : vitesse instantanée supérieure ou égale à 60 km/h entre 6 heures et 18 heures.*

Dans ce cas une demi-journée sera décomptée. »

Les journées d'intempéries ne seront décomptées qu'au reçu de l'état mensuel de la station météorologique la plus proche. Les clauses devront être cohérentes avec les informations données (par exemple ne pas omettre la température à 9 heures si elle n'est pas donnée). Elles ne seront peut-être pas conformes à la réalité, mais étant contractuellement très précises, elles ne seront pas discutables. Les valeurs données à titre d'exemple sont évidemment à adapter à chaque région en fonction de la connaissance du lieu.

Les clauses pourront être modulées en fonction de l'avancement du chantier. Après la mise hors d'air des bâtiments et le démontage des grues, le critère d'intensité du vent ne sera, par exemple, plus pris en compte. Il peut en être de même pour la pluie à la mise hors d'eau et le froid en ce qui concerne le préchauffage, etc.

Ne pas oublier de préciser la base du décompte en jours ouvrables, mais aussi celle de la prolongation du délai qui devrait être également en jours ouvrables.

La rédaction d'une telle clause ne peut s'improviser. La connaissance des conditions climatiques et les pratiques locales pourront influer de façon déterminante.

2.9. Sous-traitants

Se référer à la loi n° 75-1334 du 31 décembre 1975 sur la sous-traitance.

2.9.1. Marchés publics

Se référer aux articles 112 à 117 du nouveau Code des marchés publics (CMP).

L'entrepreneur peut sous-traiter l'exécution de certaines parties du marché à condition d'avoir obtenu de la personne responsable du marché l'acceptation de chaque sous-traitant et l'agrément des conditions de paiement de chaque contrat de sous-traitance.

En vue d'obtenir cette acceptation et cet agrément, il remet contre récépissé à la personne responsable du marché ou lui adresse par lettre recommandée avec accusé de réception une déclaration mentionnant :

- la nature des prestations dont la sous-traitance est prévue ;
- le nom, la raison ou la dénomination sociale et l'adresse du sous-traitant proposé ;
- les conditions de paiement prévues par le projet de contrat de sous-traitance et le montant prévisionnel de chaque marché sous-traité. Doivent être précisés notamment : la date d'établissement des prix et, le cas échéant, les modalités de variation des prix, le régime des avances, des acomptes, des réfactions, des primes et des pénalités.

Le sous-traitant ne peut être accepté que s'il justifie qu'il a contracté une assurance garantissant sa responsabilité à l'égard des tiers en cas d'accident ou de dommages causés par la conduite des travaux ou les modalités de leur exécution. La garantie doit être suffisante et illimitée pour les dommages corporels (responsabilité civile).

Le silence de la personne responsable du marché gardé pendant 21 jours à compter de la réception des documents susmentionnés vaut acceptation du sous-traitant et agrément des conditions de paiement (article 114.4 du CMP).

En cas de paiement direct, l'acceptation du sous-traitant et les conditions de paiement sont constatées dans l'acte spécial établi par le maître d'ouvrage avant l'exécution des travaux correspondants. Le seuil du paiement direct est de 600 €.

Dès que l'acceptation et l'agrément ont été obtenus, l'entrepreneur fait connaître au maître d'œuvre le nom de la personne physique qualifiée pour représenter le sous-traitant.

L'entrepreneur demeure personnellement responsable du respect de toutes les obligations résultant du marché, tant envers le maître d'ouvrage qu'envers les ouvriers.

Les contrats de sous-traitance sont disponibles auprès des organismes suivants :

- le Centre de l'industrie française des travaux publics ;
- la Société d'édition du bâtiment ;
- la Fédération nationale des travaux publics ;
- la Fédération nationale du bâtiment.

Vous pouvez également vous procurer ces contrats au format électronique à l'adresse suivante :

http://www.fntp.fr/publications/publi.cfm?idtheme=5

2.9.2. Marchés privés

L'entrepreneur titulaire du marché ne peut sous-traiter la totalité des prestations qui lui sont confiées. Il peut sous-traiter l'exécution de certaines parties de son marché, à condition d'avoir obtenu du maître de l'ouvrage l'acceptation de chaque sous-traitant et l'agrément des conditions de paiement de chaque contrat de sous-traitance, ceci pour chaque niveau de sous-traitance.

Afin de faire accepter son sous-traitant et de faire agréer ses conditions de paiement, l'entrepreneur adresse au MO par lettre recommandée avec accusé de réception, une demande écrite, datée et signée indiquant :

– le nom, la raison ou la dénomination sociale et l'adresse du sous-traitant proposé ;

– la nature des prestations sous-traitées et leur montant ;

– les conditions de paiement prévues dans le contrat de sous-traitance.

L'acceptation est validée de fait sans réponse du MO sous 15 jours après réception de la demande.

L'entrepreneur titulaire du marché reste responsable de son sous-traitant vis-à-vis du maître de l'ouvrage. L'entrepreneur titulaire du marché peut demander de s'acquitter des paiements dus au sous-traitant en faisant verser le montant directement par le maître de l'ouvrage au sous-traitant. Le montant de ces versements, qui sera déduit de son décompte, doit être visé par lui.

Chacune des parties ne peut faire apport de son marché à une société ou à un groupement qu'avec l'accord de l'autre partie.

L'entrepreneur titulaire des marchés est responsable de son remplaçant vis-à-vis du maître de l'ouvrage. Si l'entrepreneur a manqué à ses obligations, le maître de l'ouvrage peut, soit exiger l'exécution complète du marché par l'entrepreneur titulaire, soit prononcer la résiliation de son marché. Si le maître de l'ouvrage a manqué à ses obligations, l'entrepreneur peut prononcer la résiliation de son marché.

2.10. Déclaration d'assurance

2.10.1. Délais à respecter pour la déclaration d'un sinistre à l'assureur

SINISTRES	DÉLAIS DE DÉCLARATION À RESPECTER
Régime général (décennale, incendie, automobile, RC, professionnelle, etc.)	5 jours
Vol	2 jours
Catastrophes naturelles	10 jours[1]
Assurance crédit	8 jours
Vie	Aucun délai légal[2]
Grêle	4 jours

2.10.2. Calcul des délais

- Le délai commence à courir le lendemain du jour du sinistre. Mais si l'assuré s'aperçoit plus tard de l'existence du sinistre, le point de départ du délai est le lendemain de cette découverte.
- Sont pris en compte les jours ouvrés, c'est-à-dire les jours où les bureaux de l'assureur sont ouverts. Les samedis et les dimanches ne sont généralement pas pris en compte.
- Le délai expire à minuit le dernier jour.

Il faut déclarer le sinistre à l'assureur ou à son mandataire qui peut être l'agent général, mais non au courtier qui est le mandataire de l'assuré.

2.11. Les missions du maître d'œuvre – Partage des responsabilités

2.11.1. Les missions du maître d'œuvre

Chaque élément de mission est défini dans le décret n° 93-1268 du 29 novembre 1993 portant application de l'article 18-1 de la loi n° 85-704.

1. *À compter de la publication de l'arrêté interministériel constatant l'état de catastrophe naturelle.*
2. *Lorsque le bénéficiaire est l'assuré, il doit agir avant l'expiration d'un délai de deux ans. Lorsque le bénéficiaire n'est pas l'assuré, il doit agir avant l'expiration d'un délai de dix ans.*

Les missions Diagnostic (DIA) et Ordonnancement, coordination et pilotage (OPC) ne font pas partie de la mission minimum dite « Mission de base » qui est obligatoire pour les missions de bâtiment dès lors que le maître d'ouvrage fait appel à une maîtrise d'œuvre privée.

En résumé, on distingue les missions suivantes :

- L'esquisse (ESQ) ou le diagnostic (DIA)

  En construction neuve, l'esquisse est la mission qui permet de mettre en relation le maître d'ouvrage avec le maître d'œuvre. Comme le mot le sous-entend, il s'agit de déterminer les grandes lignes de l'ouvrage.

  En rénovation, on parle de diagnostic, il s'agit de procéder à un état des lieux technique de l'opération à rénover ou à réhabiliter.

- L'avant-Projet

  Les études d'avant-projet comprennent l'établissement des dossiers du permis de construire et autres autorisations administratives. Pour les logements neufs, l'APS et l'APD peuvent faire l'objet d'une seule phase d'étude.

  • L'avant-projet sommaire (APS)

  Cette phase a pour but de préciser sommairement l'objet, les coûts et les délais. Le niveau de définition correspond à des plans au 1/200e avec certains détails significatifs au 1/100e.

  • L'avant-projet détaillé (APD)

  L'APD a pour but de mettre en place de façon définitive le programme des travaux, il est fondé sur l'APS. Il permet de vérifier le respect des différentes réglementations (hygiène et sécurité), de déterminer les surfaces du projet, de définir les principes constructifs, d'établir l'estimation définitive du coût des travaux pour chaque lot. Le niveau de définition correspond à des plans au 1/100e avec certains détails significatifs au 1/50e.

- Les études de projet (PRO)

  Ces études ont pour objet de préciser par des plans au 1/50e l'ouvrage à construire. Les plans « guides » des tracés des fluides sont réalisés lors de cette phase. Les études de projet peuvent être complétées par d'éventuelles variantes proposées par l'entrepreneur.

- L'Assistance au maître d'ouvrage pour la passation de contrats de travaux (ACT)

  Cette assistance consiste concrètement en la sélection des candidats et en l'analyse des candidatures obtenues.

- Les études d'exécution (EXE) ou le VISA

  Les études d'exécution ont pour objet l'établissement de tous les plans d'exécution et spécifications à l'usage du chantier, la réalisation des études de synthèse. De manière générale, les plans sont réalisés par les entreprises et font l'objet d'un visa par le maître d'œuvre. Le visa du maître d'œuvre ne dégage en aucun cas la responsabilité de l'entreprise.

- La Direction de l'exécution des contrats de travaux (DET)

  Il s'agit pour la maîtrise d'œuvre de s'assurer de la qualité des documents d'exécution, de la conformité de l'exécution par rapport aux prescriptions du contrat, d'organiser et diriger les réunions de chantier. La maîtrise d'œuvre doit informer systématiquement le maître d'ouvrage de l'état d'avancement des travaux et vérifier les projets de décomptes mensuels présentés par les entreprises.

- L'ordonnancement, la coordination et le pilotage (OPC)

  Il s'agit, après analyse des tâches élémentaires, de déterminer par des documents graphiques (cf. chapitre 1.2.7, p. 12), l'enclenchement des tâches à accomplir et leur chemin critique. Le « pilote » harmonise l'intervention des différentes entreprises dans le temps et dans l'espace pour le respect du contrat de travaux dans le délai imparti.

- Assistance au maître d'ouvrage lors des opérations de réception (AOR)

  Il s'agit d'organiser les OPR (Opérations préalables à la réception des travaux) d'assurer le suivi des réserves jusqu'à leur levée et de constituer le dossier des DOE (Dossier des ouvrages exécutés). Voir le chapitre 2.13.2, p. 62.

2.11.2. Partage des responsabilités maîtrise d'œuvre - entreprise

L'entrepreneur est toujours tenu de vérifier s'il n'existe pas une incompatibilité entre les prescriptions des documents du contrat et le respect général des règles de l'art (réglementations administratives, DTU, etc.), auquel cas il se doit d'en informer le maître d'œuvre et le maître d'ouvrage : c'est ce que l'on appelle le devoir de conseil. Le non-respect de ce devoir de conseil entraîne obligatoirement une part de responsabilité de l'entrepreneur, que ce soit avant le début ou lors de l'exécution des travaux.

Dans la plupart des sinistres, il y a partage des responsabilités entre entrepreneur et maître d'œuvre. Cependant, suite à la réforme de l'assurance du 1er janvier 1979, les contrôleurs techniques, Bureaux d'études techniques (BET) et les ingénieurs-conseils sont également recherchés systématiquement.

2.12. Règlement des différends et litiges

2.12.1. Marchés publics

Si un différend survient entre le maître d'œuvre et l'entrepreneur, sous la forme de réserves faites à un ordre de service ou sous toute autre forme, l'entrepreneur remet au maître d'œuvre aux fins de transmission à la personne responsable du marché un mémoire exposant les motifs et indiquant le montant des réclamations. Une fois que ce mémoire a été transmis par le maître d'œuvre, avec son avis, à la personne responsable du marché, celle-ci notifie ou fait notifier à l'entrepreneur sa proposition pour le règlement du différend, dans un délai de deux mois à compter de la date de réception du mémoire de réclamation par le maître d'œuvre. L'absence de propositions dans ce délai équivaut à un rejet de la demande de l'entrepreneur.

Lorsque l'entrepreneur n'accepte pas la proposition de la personne responsable du marché, il doit, sous peine de forclusion, dans un délai de trois mois à compter de la notification de cette proposition, le faire connaître par écrit à la personne responsable du marché en lui faisant parvenir un mémoire complémentaire développant les raisons de son refus.

La décision à prendre sur ces différends appartient au maître de l'ouvrage. Si l'entrepreneur ne donne pas son accord à la décision ainsi prise, les modalités fixées par cette décision sont appliquées provisoirement, le règlement définitif du différend relevant des procédures contentieuses ou de l'intervention d'un comité consultatif de règlement amiable tel que défini à l'article 50.3. du CCAG Travaux de 1976 et aux articles 131 et 132 du nouveau Code des marchés publics (CMP).

2.12.2. Marchés privés

Lorsqu'une des parties ne se conforme pas aux conditions du marché, l'autre partie la met en demeure d'y satisfaire dans un délai qui ne peut être inférieur à quinze jours, sauf cas particuliers prévus au CCAP.

Pour le règlement des contestations qui peuvent s'élever à l'occasion de l'exécution ou du règlement du marché, les parties contractantes doivent se consulter pour examiner l'opportunité de soumettre leur différend à un arbitrage, ou pour refuser l'arbitrage.

Sauf dispositions contraires du CCAP, les litiges qui n'auraient pu être réglés par arbitrage sont portés devant le tribunal du lieu d'exécution des travaux.

2.13. Réception des travaux

La réception des travaux est l'acte par lequel la maîtrise d'ouvrage déclare accepter les travaux exécutés, avec ou sans réserves. Elle ne comporte pas de phase provisoire, elle est unique et définitive. La date de réception est le point de départ des responsabilités et garanties (cf. paragraphe 2.15, p. 66).

À l'occasion de la réception des travaux, l'entrepreneur doit fournir au MO le DOE (Dossier des ouvrages exécutés) correspondant aux travaux qu'il a réalisé.

2.13.1. Demande de réception par l'entrepreneur

La réception est demandée par l'entrepreneur (ou le mandataire commun dans le cadre d'un groupement d'entreprises) par lettre recommandée avec accusé de réception adressée au maître d'ouvrage ou à la personne responsable du marché dans le cas des marchés publics, avec une copie au maître d'œuvre.

La réception ne peut être demandée qu'à l'achèvement de la totalité des ouvrages prévus au marché de l'entrepreneur en cause, sauf si les documents particuliers de ce marché ont prévu des réceptions partielles, ou une réception commune avec des travaux faisant l'objet d'autres marchés. La date de la visite de réception ne peut être éloignée de plus de vingt jours de la date de réception de la demande de l'entrepreneur.

L'absence du ou des entrepreneurs n'est pas un obstacle aux opérations de réception, mais le PV de réception doit spécifier les conditions dans lesquelles le ou les entrepreneurs ont été convoqués.

2.13.2. Opérations préalables à la réception

Les opérations préalables à la réception comportent :

- la reconnaissance des ouvrages exécutés ;
- les épreuves et essais éventuels prévus par le CCAP ;
- la constatation éventuelle de l'inexécution des prestations prévues au marché ;
- la constatation éventuelle d'imperfections ou de malfaçons ;
- la constatation du repliement des installations de chantier et de la remise en état des terrains et des lieux, sauf stipulation différente du CCAP ;
- les constatations relatives à l'achèvement des travaux.

Ces opérations font l'objet d'un procès-verbal dressé sur-le-champ par le maître d'œuvre et signé par lui et par l'entrepreneur ; si ce dernier refuse de le signer, il en est fait mention. Dans un délai de cinq jours suivant la date du procès-verbal, le maître d'œuvre fait connaître à l'entrepreneur s'il a ou non proposé à la personne responsable du marché de prononcer la réception des ouvrages et, dans l'affirmative, la date d'achèvement des travaux qu'il a proposé de retenir ainsi que les réserves dont il a éventuellement proposé d'assortir la réception.

2.13.3. Réception – Entrée en possession par le maître d'ouvrage

Marchés privés	Marchés publics
À l'issue de la visite de réception, le maître de l'ouvrage prononce la décision concernant la réception, qui peut être : réception avec ou sans réserves, ou refus de réception.	Au vu du procès-verbal, des opérations préalables à la réception et des propositions du maître d'œuvre, la personne responsable du marché décide si la réception est ou non prononcée ou si elle est prononcée avec réserves.
La date de réception ou du refus de réception est celle du dernier jour de la visite de réception. Le procès-verbal de réception ou de refus de réception, préparé par le maître d'œuvre, est signé par le maître de l'ouvrage, qui doit le remettre à l'entrepreneur séance tenante ou le lui notifier dans un délai de cinq jours à compter du dernier jour de la visite de réception. L'entrepreneur dispose de vingt jours après cette notification pour contester les réserves. S'il les conteste, le différend est réglé comme il est dit à l'article 21 de la NF P 03-001. Passés ces vingt jours, l'entrepreneur est réputé avoir accepté les réserves. Le maître de l'ouvrage entre en possession des ouvrages dès qu'il en a prononcé la réception. Toutefois, ceci n'est pas applicable dans les cas où, les délais contractuels se trouvant dépassés par la faute exclusive de l'entreprise, le maître de l'ouvrage entend prendre possession, sans plus attendre, des ouvrages non encore entièrement terminés.	Si elle prononce la réception, elle fixe la date qu'elle retient pour l'achèvement des travaux. La décision ainsi prise est notifiée à l'entrepreneur dans les 45 jours suivant la date du procès-verbal. À défaut de décision de la personne responsable du marché notifiée dans le délai précisé ci-dessus, les propositions du maître d'œuvre sont considérées comme acceptées. La réception, si elle est prononcée, ou réputée telle, prend effet à la date fixée pour l'achèvement des travaux.

MARCHÉS PRIVÉS	MARCHÉS PUBLICS
Dans ce cas, la visite des ouvrages précédant l'entrée en possession pourra intervenir quinze jours après mise en demeure à l'entreprise intéressée d'achever les travaux. À l'issue de celle-ci, un état des lieux détaillé, dont un exemplaire est remis sur-le-champ à l'entrepreneur, est établi contradictoirement. Le maître de l'ouvrage peut alors entrer en possession des ouvrages. Il doit prendre ses dispositions pour faciliter l'achèvement des travaux dans toute la mesure du possible.	

2.13.4. Réception avec réserves

MARCHÉS PRIVÉS	MARCHÉS PUBLICS
Lorsque le procès-verbal de réception fait état de réserves motivées par des omissions ou imperfections, il indique les manques et les défauts auxquels il doit être remédié. L'entrepreneur dispose d'un délai fixé, sauf commun accord, à 60 jours au maximum à compter de la réception du procès-verbal pour exécuter les corrections et compléments demandés. Passé ce délai, le maître de l'ouvrage pourra, après mise en demeure restée infructueuse, les faire exécuter aux frais et risques de l'entrepreneur défaillant. Immédiatement après leur achèvement, l'entrepreneur doit, par lettre recommandée avec accusé de réception, demander la levée des réserves.	Lorsque la réception est assortie de réserves, l'entrepreneur doit remédier aux imperfections et malfaçons correspondantes dans le délai fixé par la personne responsable du marché ou, en l'absence d'un tel délai, trois mois avant l'expiration du délai de garantie d'un an. Au cas où ces travaux ne seraient pas faits dans le délai prescrit, la personne responsable du marché peut les faire exécuter aux frais et risques de l'entrepreneur.

Marchés privés	Marchés publics
À défaut d'accord dans les 30 jours, le litige sera réglé comme il est dit aux chapitres 21.2. et 21.3. de la norme NF P 03-001. Se référer à l'article 17.2.5. de la norme NF P 03-001.	

2.14. Décompte général et définitif (DGD)

Le projet de décompte final ou de mémoire définitif est la dernière situation de travaux établie en fin de chantier par l'entrepreneur après notification de la décision de réception des travaux. Les travaux y sont évalués aux conditions du marché, des avenants et des ordres de service, et sont présentés d'après les dispositions du CCAP. Y figurent les conséquences des variations de prix. Réserve doit être explicitement portée si l'application définitive de la formule ne peut être faite à la date de remise de ce document (ceci est dû aux retards de parution des index de référence).

2.14.1. Marchés publics

L'entrepreneur a un délai de 45 jours à partir de la notification de la décision de réception des travaux pour produire son projet de décompte final. Ce délai est ramené à 15 jours si le délai d'exécution du marché est inférieur à 3 mois.

Le maître d'œuvre établit le décompte général à partir du décompte final. Le décompte général, signé par la personne responsable du marché, doit être notifié à l'entrepreneur par ordre de service.

- 45 jours après la remise du projet de décompte final, ou 30 jours si le délai d'exécution des travaux est inférieur ou égal à six mois.

Le mandatement du solde doit intervenir dans un délai de deux mois à compter de la notification du décompte général. La date de mandatement du solde est portée à la connaissance de l'entrepreneur.

Le délai d'acceptation ou de refus du décompte final est de 45 jours à dater de la notification du décompte général. La signature sans réserve du décompte général lie définitivement les parties et celui-ci devient un Décompte général et définitif (DGD).

En cas de refus ou de réserves, l'entrepreneur doit, dans un délai de 45 jours, établir un mémoire de réclamations avec montants et justifications, reprenant les réclamations antérieures non réglées.

2.14.2. Marchés privés

L'entrepreneur a un délai de 60 jours à partir de la date de réception des travaux pour produire son projet de mémoire définitif (équivalent du décompte final des marchés publics).

Le maître d'ouvrage établit le décompte général à partir du mémoire définitif dans un délai de 45 jours à dater de la réception de ce mémoire.

Le paiement du solde doit intervenir dans un délai de 30 jours à compter de la notification du décompte définitif.

L'entrepreneur dispose de 30 jours à compter de la notification du décompte définitif pour présenter, par écrit, ses observations éventuelles à l'architecte, et pour en aviser simultanément le maître d'ouvrage. Passé ce délai, il est réputé avoir accepté le décompte définitif.

Le maître d'ouvrage dispose de 30 jours pour faire connaître, par écrit, s'il accepte ou non les observations de l'entrepreneur. Passé ce délai, il est réputé les avoir acceptées.

Se référer aux articles 19.5. et 19.6. de la norme NF P 03-001.

2.15. Garanties

2.15.1. Garantie de parfait achèvement

La durée de la période de garantie de parfait achèvement, dont le début est la date de réception, est d'un an.

Pendant cette période, l'entrepreneur, indépendamment des obligations qui peuvent résulter pour lui des articles 1792. et 2270. du Code civil, est tenu de remédier à tous les désordres nouveaux et de faire en sorte que l'ouvrage demeure conforme à l'état où il était lors de la réception, ou après correction des imperfections constatées à la réception.

L'obligation de parfait achèvement ne s'étend pas aux travaux nécessaires pour remédier aux effets de l'usage ou de l'usure normale.

Toutefois, cette garantie ne l'oblige pas aux travaux d'entretien normaux ni à la réparation des conséquences d'un abus d'usage, ou des dommages causés par les tiers. À dater de la notification des désordres, l'entrepreneur dispose d'un délai de 60 jours pour y remédier.

Passé ce délai, le maître de l'ouvrage pourra faire procéder aux travaux, aux frais et risques de l'entrepreneur.

2.15.2. Garanties biennale et décennale

Le point de départ des responsabilités résultant des principes dont s'inspirent les articles 1792. et 2270. du Cod1e civil est fixé à la date d'effet de la réception ou, pour les ouvrages ou parties d'ouvrages ayant fait l'objet d'une réception partielle, à la date de la réception partielle.

Ces articles distinguent dans l'ouvrage les éléments constitutifs et les éléments d'équipement, rattachant aux premiers les ouvrages de viabilité, de fondation, d'ossature, de clos et de couvert, et aux seconds tout le reste.

On peut donc en déduire que la garantie décennale s'applique aux dommages qui compromettent la solidité de l'ouvrage ou qui, l'affectant dans un de ses éléments constitutifs ou l'un de ses éléments d'équipement, le rendent impropre à sa destination.

De même pour les dommages qui affectent la solidité des éléments d'équipement lorsqu'ils font indissociablement corps avec les ouvrages de viabilité, de fondation, d'ossature, de clos et de couvert.

La garantie biennale de bon fonctionnement s'applique donc aux autres éléments d'équipement.

▶ Le fabricant d'un élément d'équipement est solidairement responsable des obligations mises à la charge de l'entrepreneur qui l'a mis en œuvre sans modification, conformément aux règles qu'il a établies.

GLOSSAIRE

Acceptation (pour les marchés publics) accord donné à l'offre d'un entrepreneur concluant ainsi un marché.

Achèvement des travaux état de la construction lorsque le bâtiment est prêt à être occupé alors que quelques travaux mineurs peuvent rester à faire.

Acompte paiement résultant d'un décompte provisoire.

Acte d'engagement en matière de marchés publics, document juridique dans lequel l'entrepreneur précise les données administratives et financières de son offre.

Actualisation mise à jour des prix à la date de commencement des travaux, dans des conditions prévues dans le marché.

Adjudication procédure de passation des marchés fondée sur la sélection du soumissionnaire qui offre le prix le plus bas.

Appel d'offres procédure de passation des marchés comportant un appel à la concurrence et dans laquelle le prix n'est pas le seul critère de choix entre les concurrents.

Arbitrage règlement d'un litige, en dehors des juridictions, par une ou plusieurs personnes choisies, généralement, par les parties concernées.

Attachement (pour les marchés privés) document écrit (attachement écrit) ou dessiné (attachement figuré), daté et signé par l'entrepreneur et son maître d'ouvrage, constatant les quantités d'ouvrages exécutées ou les particularités susceptibles de faire l'objet de contestations ultérieures. Voir Constat.

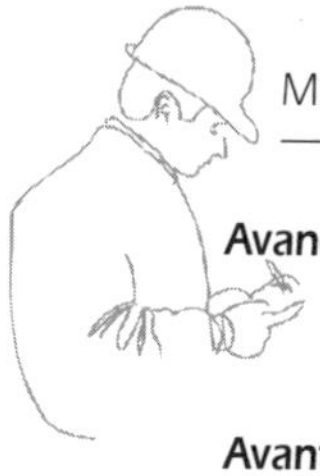

Avances : sommes d'argent versées par le maître de l'ouvrage à l'entrepreneur dès la signature du marché avant l'exécution des travaux ou la constitution d'approvisionnements.

Avant-projet détaillé (APD) : document fixant la solution choisie et accompagné d'une estimation détaillée des dépenses.

Avant-projet sommaire (APS) : document fixant un projet architectural avec ses orientations techniques.

Avenant : document signé des parties et modifiant certaines des dispositions initiales du marché.

Béton armé aux états limites (BAEL) : règles permettant le calcul des ouvrages en béton armé.

Béton précontraint aux états limites (BPEL) : règles permettant le calcul des ouvrages en béton précontraint.

Bon pour exécution (BPE) : se dit des plans ayant reçu un avis favorable du bureau de contrôle et de la maîtrise d'œuvre.

Bordereau des prix unitaires : liste des prix applicables aux divers ouvrages élémentaires.

Bureau de contrôle : organisme agréé pour donner un avis au maître de l'ouvrage sur les problèmes d'ordre technique, portant notamment sur la solidité de l'ouvrage et la sécurité des personnes. À ce titre, il intervient au niveau de la conception et à différentes phases de la construction.

Bureau d'études techniques (BET) : société ayant pour mission la réalisation des Plans d'exécution des ouvrages (PEO).

Cahier des charges : document fixant les clauses du contrat.

Cahier des clauses administratives générales (CCAG) : pour les marchés privés, la norme NFP 03-001 et pour les marchés publics, le nouveau Code des marchés publics.

Cahier des clauses administratives particulières (CCAP) : contrat fixant les clauses administratives particulières au marché.

Cahier des clauses techniques (CCT) : voir DTU.

Cahier des clauses techniques générales (CCTG) : voir DTU.

Cahier des clauses techniques particulières (CCTP) cahier joint aux plans d'architecte, définissant les ouvrages dans le détail.

Cahier des clauses spéciales (CCS) voir DTU.

Cautionnement somme d'argent ou titres remis au maître de l'ouvrage ou consignés entre les mains d'un tiers pour garantir la totale exécution des travaux et le recouvrement des sommes dont l'entrepreneur serait reconnu débiteur au titre du marché.

Clauses du contrat dispositions définissant les droits et obligations des parties contractantes ainsi que les procédures acceptées pour la réalisation du marché.

Code des marchés publics recueil des textes qui fixent les règles de passation, d'exécution et de paiement des marchés publics.

Collège interentreprises de sécurité, de santé et des conditions de travail (CISSCT) voir paragraphe 1.3.3.

Compte *prorata* compte sur lequel sont regroupées les dépenses d'intérêt commun des entrepreneurs dans le but de répartir celles-ci de façon équitable entre les entrepreneurs.

Conducteur de travaux personne employée par un entrepreneur et ayant la responsabilité d'un projet important ou de plusieurs petits projets.

Concours modalité d'appel d'offres qui, dans des limites fixées par le maître de l'ouvrage, laisse le soin au candidat de définir et de chiffrer avec précision la prestation qu'il propose soit l'établissement du projet, soit l'exécution d'un projet préalablement établi, soit les deux à la fois.

Constat (pour les marchés publics) document écrit ou dessiné, daté et signé par l'entrepreneur et son maître d'ouvrage, constatant les quantités d'ouvrages exécutées ou les particularités susceptibles de faire l'objet de contestations ultérieures. Voir Attachement.

Consultation procédure de passation des marchés comportant un appel à la concurrence.

Déclaration d'intention de commencement des travaux (DICT) voir paragraphe 1.2.11.

Décomposition du prix global et forfaitaire (DPGF) bordereaux sur lesquels apparaissent les prix unitaires des ouvrages.

Décompte général et définitif (DGD) document déterminant le coût total des travaux exécutés et le montant total des sommes à payer, telles qu'acceptées par les parties.

Décompte provisoire décompte accepté par les parties, indiquant la valeur totale des travaux exécutés à une certaine date, et établissant le montant partiel des sommes à payer.

Devis descriptif document établi pour un projet particulier, qui comporte la description des différents ouvrages ; il précise leur mode d'exécution et les matériaux utilisés.

Devis quantitatif estimatif (DQE) document présenté généralement sous forme normalisée, pour la soumission d'un marché, comportant une liste descriptive des matériaux, de la main-d'œuvre et des autres fournitures nécessaires à la réalisation d'une construction.

Documents techniques unifiés (DTU) voir Annexe 1.

Dossier de consultation des entreprises (DCE) rédigé par le maître d'œuvre, il permet de consulter les entreprises en fonction du mode de passation et de dévolution du marché.

Dossier d'intervention ultérieure sur les ouvrages (DIUO) contient les DOE ainsi que toutes les notices d'utilisation et d'entretien du matériel posé.

Dossier des ouvrages exécutés (DOE) ce sont les plans des ouvrages « Tels que construits ».

Entrepreneur personne ou entreprise qui réalise des constructions conformément au marché.

Entreprise co-traitante une des entreprises dans un groupement constitué momentanément pour la réalisation d'un marché.

Établissements recevant du public (ERP) sont classés en type et en catégories, se reporter aux règlements de sécurité-incendie.

Force majeure événement imprévisible, irrésistible et extérieur aux parties ayant conclu un marché qui empêche absolument l'entrepreneur d'exécuter son obligation en tout ou partie.

Formule de révision des prix	formule paramétrique contractuelle permettant de modifier les prix initiaux du marché en fonction de la variation de certains paramètres ou indices.
Garantie de bon fonctionnement	garantie d'une durée minimale déterminée, à compter de la réception de l'ouvrage, des éléments d'équipement dissociables d'un bâtiment, c'est-à-dire ceux dont la dépose, le démontage ou le remplacement peuvent s'effectuer sans détérioration de l'ouvrage.
Garantie de parfait achèvement	obligation au titre de laquelle, pendant une durée déterminée, l'entrepreneur est tenu, à compter de la réception des travaux, de pallier les insuffisances et les désordres constatés par le maître de l'ouvrage ou son représentant.
Groupement solidaire	groupement de deux entrepreneurs ou plus, dans lequel chacun d'eux est responsable des actions des autres entrepreneurs.
Identification d'une entreprise	attribution, sans engagement, par un organisme professionnel d'un certificat attestant qu'une entreprise a exécuté tels ou tels travaux relevant de la branche professionnelle considérée.
Indice	nombre exprimant la valeur d'une ou de plusieurs grandeurs économiques par rapport à leur valeur à une date de référence.
Maître d'œuvre (MOE)	personne physique ou morale qui est chargée par le maître de l'ouvrage de concevoir et/ou diriger et contrôler l'exécution des travaux, et de proposer leur réception ainsi que leur règlement.
Maître d'ouvrage (MO)	personne physique ou morale qui définit le programme de travail, commissionne les travaux et les paye.
Mandataire	personne physique ou morale désignée par les membres d'un groupement d'entrepreneurs pour les représenter et coordonner leurs actions auprès du maître de l'ouvrage.
Marché	engagement, ayant légalement force obligatoire, à livrer des fournitures, à exécuter un travail ou à fournir des services.
Marché à bordereau et quantités réelles	marché dans lequel le montant initial est vérifié à l'achèvement, en mesurant le travail réalisé et en l'évaluant sur la base d'un bordereau des prix unitaires accepté par les parties.
Marché à prix fermes et non révisables	marché dans lequel les prix ne peuvent être modifiés malgré les variations des facteurs économiques.
Marché à prix global et forfaitaire	marché dont le prix est fixé en bloc et à l'avance, et qui ne peut pas varier en fonction des quantités réalisées, mais peut varier en fonction des conditions économiques.

Marché à prix révisables : marché dans lequel les prix sont modifiés pour tenir compte des variations des conditions économiques.

Marché négocié : marché faisant suite à une procédure selon laquelle le maître de l'ouvrage engage, sans formalité, les discussions qui lui paraissent utiles et attribue ensuite librement le marché au candidat qu'il a retenu.

Marché privé : marché passé entre un maître d'ouvrage et un entrepreneur pour l'exécution de travaux selon les règles de droit commun des travaux.

Marché public : marché passé entre l'état ou les collectivités territoriales et un maître d'ouvrage en vue de la réalisation de travaux, fournitures et/ou services publics.

Métré : relevé détaillé des quantités de travaux à exécuter ou exécutés.

Montant initial : montant des travaux figurant dans le marché.

Notification d'un marché : acte par lequel le maître de l'ouvrage informe l'entrepreneur de la conclusion du marché.

Offre (soumission) : proposition écrite de prix d'une entreprise ou d'un fournisseur pour la réalisation de travaux ou la fourniture de prestations.

Ordonnancement-pilotage-coordination (OPC) : organisme qui, moyennant des honoraires, est responsable, vis-à-vis du maître de l'ouvrage, de la coordination entre toutes les parties intervenant dans un projet de construction.

Ordre de service (OS) : notification par écrit à l'entrepreneur de décisions émanant du maître de l'ouvrage ou de son représentant qualifié, concernant l'exécution du marché.

Pénalités de retard : sommes déduites, au titre de dommages et intérêts contractuels, du montant des paiements dus au titre du marché en cas de retard dans le respect d'une obligation du marché.

PIC : plan d'installation de chantier.

Phase préliminaire : étape du travail comprenant tous les faits relatifs à un marché jusqu'à ce que celui-ci soit conclu.

Plan d'exécution des ouvrages (PEO) : ce sont les plans réalisés par les entreprises, détaillant les ouvrages à exécuter.

Plan général de coordination (PGC) : voir paragraphe 1.3.1.

Plan d'hygiène et de sécurité (PHS)	voir paragraphe 1.3.
Plan particulier de sécurité et de protection de la santé (PPSPS)	voir paragraphe 1.3.2.
Plan de récolement	plan donnant l'état réel d'une construction après son achèvement.
Primes	sommes payées contractuellement en plus des paiements dus, en raison, notamment, de l'achèvement des travaux ou de l'amélioration des ouvrages.
Prix unitaire	prix qui s'applique à l'unité d'une nature d'ouvrage, d'une fourniture ou d'un service.
Procès-verbal de réception	document attestant l'acte de réception.
Qualification d'une entreprise	reconnaissance, par un organisme professionnel, de la capacité d'une entreprise à exécuter des travaux d'une nature et d'un volume donnés.
Réception	acte par lequel le maître de l'ouvrage accepte l'ouvrage des constructeurs, avec ou sans réserves.
Réclamation	demande formulée par un entrepreneur d'un paiement supplémentaire dont il estime devoir être bénéficiaire d'après le marché ou en tant que dommage pour rupture de marché.
Résiliation	action de mettre fin, soit par décision du maître de l'ouvrage, soit de plein droit, à l'exécution d'un marché avant son terme dans les conditions convenues par le marché ou résultant de la législation.
Responsabilité décennale	responsabilité de plein droit pendant 10 ans, à compter de la réception des ouvrages, envers le maître de l'ouvrage ou l'acquéreur de l'ouvrage, des dommages, même résultant d'un vice de sol, qui compromettent la solidité de l'ouvrage ou qui le rendent impropre à sa destination.
Retenue de garantie (RG)	somme retenue pendant un certain temps par le maître de l'ouvrage pour compenser les coûts découlant du non-respect par l'entrepreneur de la totalité de ses obligations.
RICT	rapport initial du contrôleur technique.

Situation document établi périodiquement par l'entrepreneur en cours de travaux, indiquant, sur la base des quantités d'ouvrages et d'approvisionnements relevés à une date donnée, les sommes qu'il estime lui être dues.

Sous-traitant entrepreneur à qui un autre entrepreneur confie une partie de l'exécution de son marché.

Tranche conditionnelle tranche supplémentaire dont la réalisation éventuelle est subordonnée à une décision du maître de l'ouvrage.

Tranche ferme tranche dont la réalisation a fait l'objet d'un accord définitif entre les deux parties.

ANNEXE 1

DOCUMENTS TECHNIQUES UNIFIÉS

Les Documents techniques unifiés (DTU) sont publiés par le Centre scientifique et technique du bâtiment (CSTB). Pour chaque corps d'état, ils comprennent des Cahiers de clauses techniques (CCT), des Cahiers de clauses spéciales (CCS), des règles de calcul et des prescriptions. Ils sont considérés comme l'expression écrite des règles de l'art.

11 – Reconnaissance des sols

11.1 Sondage des sols de fondation

12 – Terrassement pour le bâtiment

12 Terrassement pour le bâtiment

13 – Fondations

13.2 Fondations profondes

13.11 Fondations superficielles

14 – Cuvelage

14.1 Travaux de cuvelage

20 – Maçonnerie

20.1 Parois et murs en maçonnerie de petits éléments

20.12 Gros œuvre en maçonnerie des toitures destinées à recevoir un revêtement d'étanchéité

21 – Béton armé

21.1 Exécution des travaux en béton

21.3 Dalles et volées d'escalier préfabriquées en béton armé simplement posées sur appuis sensiblement horizontaux

21.4 Utilisation du chlorure de calcium et des adjuvants contenant des chlorures dans la confection des coulis, mortiers et bétons

22 – Grands panneaux nervurés

22.1 Murs extérieurs en panneaux préfabriqués de grandes dimensions du type plaque pleine ou nervurée en béton ordinaire

23 – Bétons divers

23.1 Murs en béton banché

24 – Fumisterie

24.1 Travaux de fumisterie

24.2 Cheminées

25 – Plâtrerie

25.1 Enduits intérieurs en plâtre

25.221 Plafonds constitués par un enduit armé en plâtre

25.222 Plafonds fixés, plaques de plâtre à enduire, plaques de plâtre à parement lisse

25.231 Plafonds suspendus en éléments de terre cuite

25.232 Plafonds suspendus, plaques de plâtre à enduire, plaques de plâtre à parement lisse directement suspendues

25.31 Ouvrages verticaux de plâtrerie ne nécessitant pas l'application d'un enduit au plâtre (exécution des cloisons en carreaux de plâtre)

25.41 Ouvrages en plaques de parement en plâtre (plaques à faces cartonnées)

25.42 Ouvrages de doublage et habillage en complexes et sandwiches, plaques de parement en plâtre isolant

25.51 Plafonds en staff

26 – Enduits, liants hydrauliques

26.1 Enduits aux mortiers de ciments, de chaux et de mélange plâtre et chaux aérienne

26.2 Chapes et dalles à base de liants hydrauliques

27 – Enduits projetés

27.1 Réalisation de revêtements par projection pneumatique de fibres minérales avec liant

27.2 Réalisation de revêtements par projection de produits pâteux

31 – Construction en bois

31.1 Charpente et escaliers en bois

31.2 Construction de maisons et bâtiments à ossature en bois

31.3 Charpentes en bois assemblées par connecteurs métalliques ou goussets

32 – Construction métallique

32.1 Charpente en acier

32.2 Charpente en alliages d'aluminium

33 – Façades légères

33.1 Façades rideaux, façades semi-rideaux, façades panneaux

33.2 Tolérances dimensionnelles du gros œuvre destiné à recevoir des façades rideaux, semi-rideaux ou panneaux

34 – Fermetures

34.1 Ouvrages de fermeture pour baies libres

36–37 – Menuiseries

36.1 Menuiseries en bois

37.1 Menuiseries métalliques

39 – Vitrerie, miroiterie

39 Travaux de miroiterie-vitrerie

40 – Couverture

40.5 Travaux d'évacuation des eaux pluviales

40.11 Couverture en ardoises

40.14 Couverture en bardeaux bitumés

40.21 Couverture en tuiles de terre cuite à emboîtement ou à glissement à relief

40.211 Couverture en tuiles de terre cuite à emboîtement à pureau plat

40.22 Couverture en tuiles canal de terre cuite

40.23 Couverture en tuiles plates de terre cuite

40.24 Couverture en tuiles en béton à glissement et à emboîtement longitudinal

40.241 Couverture en tuiles planes en béton à glissement et à emboîtement longitudinal

40.25 Couverture en tuiles plates en béton

40.32 Couverture en plaques ondulées métalliques

40.35 Couverture en plaques nervurées issues de tôles d'acier revêtues

40.36 Couverture en plaques nervurées d'aluminium prélaqué ou non

40.41 Couverture par éléments métalliques en feuilles et longues feuilles en zinc

40.42 Couverture par grands éléments en feuilles et bandes en aluminium

40.43 Couverture par grands éléments en feuilles et bandes en acier galvanisé

40.44 Couverture par grands éléments en feuilles et bandes en acier inoxydable

40.45 Couverture par grands éléments métalliques en feuilles et longues feuilles en cuivre

40.46 Travaux de couverture en plomb sur support continu

41 – Bardages

41.2 Revêtements extérieurs en bois

42 – Étanchéité des façades

42.1 Réfection de façades en service par revêtements d'imperméabilité à base de polymères

43 – Étanchéité des toitures

43.1 Étanchéité des toitures-terrasses avec éléments porteurs en maçonnerie

43.2 Étanchéité des toitures avec éléments porteurs en maçonnerie de pente supérieure ou égale à 5 %

43.3 Toitures en tôles d'acier nervurées avec revêtement d'étanchéité

43.4 Toitures en éléments porteurs en bois et panneaux dérivés du bois avec revêtements d'étanchéité

45 – Isolation thermique

45.1 Isolation thermique des locaux et bâtiments frigorifiques

51 – Parquets

51.1 Parquets massifs et contrecollés

51.11 Pose flottante des parquets et revêtements de sol contrecollés à parement bois

51.2 Parquets collés

51.3 Planchers en bois ou en panneaux dérivés du bois

52 – Revêtements de sol scellés

52.1 Revêtements de sol scellés

53 – Revêtements de sol collés

53.1 Revêtements de sol textiles

53.2 Revêtements de sol plastiques collés

55 – Revêtements muraux scellés

55.2 Revêtements muraux attachés en pierre mince

57 – Planchers surélevés

57.1 Planchers surélevés (à accès libre) – Éléments constitutifs – Exécution

58 – Plafonds suspendus

58.1 Plafonds suspendus – Travaux de mise en œuvre

59 – Revêtements minces

59.1 Travaux de peinture des bâtiments

59.2 Revêtements plastiques épais sur béton et enduits à base de liants hydrauliques

59.3 Peinture de sols

59.4 Mise en œuvre des papiers peints et des revêtements muraux

60 – Plomberie

60.1 Plomberie sanitaire pour bâtiments à usage d'habitation

60.2 Canalisations en fonte, évacuations d'eaux usées, d'eaux pluviales et d'eaux vannes

60.31 Canalisations en chlorure de polyvinyle non plastifié : eau froide avec pression

60.32 Canalisations en polychlorure de polyvinyle non plastifié : évacuation des eaux pluviales

60.33 Canalisations en polychlorure de polyvinyle non plastifié : évacuation d'eaux usées et d'eaux vannes

60.5 Canalisations en cuivre – Distribution d'eau froide et chaude sanitaire, évacuation d'eaux usées, d'eaux pluviales, installations de génie climatique

61 – Gaz

61.1 Installations de gaz

63 – Vide-ordures

63.1 Installations de vide-ordures

64 – Assainissement

64.1 Dispositifs d'assainissement autonome – Maison d'habitation individuelle

65 – Chauffage

65.3 Installations de sous-stations d'échange à eau chaude sous pression

65.4 Chaufferies au gaz et aux hydrocarbures liquéfiés

65.6 Prescriptions pour l'exécution de panneaux chauffants à tubes métalliques enrobés dans le béton

65.7 Exécution de planchers chauffants par câbles électriques enrobés dans le béton

65.8 Exécution de planchers chauffants à eau chaude utilisant des tubes en matériau de synthèse noyés dans le béton

65.9 Installations de transport de chaleur ou de froid et d'eau chaude sanitaire entre productions de chaleur ou de froid et bâtiments

65.10 Canalisations d'eau chaude ou froide sous pression et canalisations d'évacuation des eaux usées et des eaux pluviales à l'intérieur des bâtiments. Règles générales de mise en œuvre

65.11 Dispositifs de sécurité des installations de chauffage central concernant le bâtiment

65.12 Réalisation des installations de capteurs solaires plans à circulation de liquide pour le chauffage et la production d'eau chaude sanitaire

65.20 Isolation des circuits, appareils et accessoires – Température de service supérieure à la température ambiante

67 – Réfrigération

67.1 Isolation thermique des circuits frigorifiques

68 – Ventilation

68.1 Installations de ventilation mécanique contrôlée

68.2 Exécution des installations de ventilation mécanique

70 – Installations électriques

70.1 Installations électriques des bâtiments à usage d'habitation

75 – Ascenseurs

75.1 Principe d'établissement du programme d'ascenseurs dans les bâtiments à usage d'habitation

90 – Équipement de cuisine

90.1 Équipement de cuisine (blocs-éviers et éléments de rangement)

95 – Entretien des bâtiments

95.1 Construction des immeubles devant recevoir des nacelles suspendues mues mécaniquement destinées à l'entretien et au nettoyage des façades, construction de ces nacelles et mise en œuvre

ANNEXE 2

MODÈLES DE DOCUMENTS

Tous ces documents sont téléchargeables sur le site www.editions-eyrolles.com (mot clé : fèvre).

Ministère de l'Equipement, des Transports et du Logement

CADRE RÉSERVÉ À L'ADMINISTRATION

JOUR MOIS ANNÉE |_|_|_|_|_|_|_|_| P D DPT COMMUNE ANNÉE N° DOSSIER |_|_|_|_|_|_|_|_|_|_|_|_|

cerfa N° 10148*01

DEMANDE DE PERMIS DE DÉMOLIR

(Article R.430.1 du Code de l'urbanisme)

1. DEMANDEUR

DÉSIGNATION	
	NOM, PRÉNOM ou DÉNOMINATION — NOM D'USAGE (le cas échéant)
	PERSONNE MORALE (Nom du représentant légal ou statutaire)
	ADRESSE (Numéro et voie) — COMPLÉMENT D'ADRESSE
	CODE POSTAL |_|_|_|_|_| LOCALITÉ DE DESTINATION — TÉLÉPHONE |_|_|_|_|_|_|_|_|_|_|

2. TERRAIN ET BÂTIMENT

21 IDENTIFICATION DU BÂTIMENT	ADRESSE DU BÂTIMENT (Numéro, voie, lieu-dit, Code postal, commune) — DATE APPROXIMATIVE DE CONSTRUCTION DU BÂTIMENT |_|_| |_|_| |_|_|_|_|
	NOM ET ADRESSE DU PROPRIÉTAIRE DU BÂTIMENT (S'il est autre que le demandeur)
22 CERTIFICAT D'URBANISME	Un certificat d'urbanisme a-t-il été délivré pour le terrain ? (1) ☐ OUI ☐ NON
	DATE DU CERTIFICAT |_|_| |_|_| |_|_|_|_| — NUMÉRO DU CERTIFICAT
23 CADASTRE	SUPERFICIE TOTALE DE LA OU DES PARCELLES CONSTITUANT LA PROPRIÉTÉ
	INDIQUER LA OU LES SECTIONS CADASTRALES ET, POUR CHAQUE SECTION, LE(S) NUMÉRO(S) DE LA OU DES PARCELLES

3. SURFACE DE PLANCHER DU BÂTIMENT CONCERNÉ

S'il est envisagé de démolir plusieurs bâtiments distincts, établir sur un état séparé les rubriques 3, 4, 5 pour chaque bâtiment.

NIVEAUX (2)	(s) SURFACES HORS ŒUVRE BRUTES (3)	SURFACES DÉDUITES (a) Combles et sous-sol non aménageables	(b) Toitures terrasses balcons, loggias et surfaces non closes au rez-de-chaussées	(c) Stationnement des véhicules dans la construction	(s') s - (a + b + c)	dont surfaces affectées à l'habitation (s'')	et dont surfaces affectées à un autre usage que l'habitation (s''')	(d) Logement des récoltes, des animaux du matériel agricole, serres de production	(Sa) SURFACES HORS ŒUVRE NETTES (S'' x 0.95 + S''') - d
TOTAL AVANT DÉMOLITION	m²	m²	m²	m²	m²	m²	m²	m²	(Sb1) m²
TOTAL DES SURFACES À DÉMOLIR	m²	m²	m²	m²	m²	m²	m²	m²	(Sb1) m²
SURFACE HORS OEUVRE NETTE DES BÂTIMENTS CONSERVÉS								Sb = Sb1 - Sb2	(Sb) m²

(1) Cocher la case correspondante.

(2) Indiquer les niveaux de la façon suivante : R-1 (1er sous-sol), RC (Rez-de-chaussée), R + 1 (1er étage), etc...

(3) Indiquer pour chaque niveau la totalité de la surface de plancher, calculée à partir du nu extérieur des murs de façades, y compris les toitures, les terrasses accessibles, les balcons et les loggias.

4. NATURE ET OCCUPATION DES LOCAUX À DÉMOLIR (1)

☐ Logements

☐ Locaux mixtes (à usage d'habitation et professionnel)

Dans ces cas : remplir le tableau ci-contre

	Statut des logements		
	Loi du 1-9 1948	Loyer réglementé ☐ HLM ☐ Crédit Foncier ☐ Conventionné	Secteur libre
Nombre de logements à démolir			
Surface habitable			
Nombre de locataires			
Nombre d'occupants de bonne foi			
Nombre d'occupants sans titre			

☐ Commerce ou artisanat

☐ Entrepôts commerciaux

☐ Bureaux

☐ Locaux industriels

☐ Bâtiments agricoles

☐ Locaux professionnels sans caractère commercial (profession libérale)

☐ Bâtiments supportant une plaque commémorative devant être réinstallée en application de l'article L. 430-4-I du Code de l'urbanisme

☐ Autre → Nature

5. MOTIF DE L'OPÉRATION PROJETÉE

INDIQUER LES MOTIFS POUR LESQUELS LA DÉMOLITION EST ENVISAGÉE (RECONSTRUCTION D'UN AUTRE BÂTIMENT, RESTAURATION DES BÂTIMENTS EXISTANTS, « CURETAGE », MISE EN VALEUR DES SOLS, ETC...).

Lorsque le permis de démolir tient lieu de l'autorisation prévue à l'article 11 de la loi du 1er septembre 1948, indiquer :

LA SURFACE HABITABLE DU BÂTIMENT À CONSTRUIRE OU

À RECONSTRUIRE = m²

LE NOMBRE DE LOGEMENTS :

À remplir par l'administration

NUMÉRO DU DOSSIER DE LA DEMANDE DE PERMIS DE CONSTRUIRE CORRESPONDANTE

6. ENGAGEMENT DU DEMANDEUR

Je soussigné, auteur de la présente demande, certifie exacts les renseignements qui précèdent.

(L'attention du demandeur est appelée sur les dispositions des articles L. 430-9 et L. 480-4 du Code de l'urbanisme relatifs aux sanctions civiles et pénales applicables en cas d'infraction à la législation sur le permis de démolir).

Je m'engage à remplir les obligations de relogement des locataires ou occupants prévues par les articles 11, 13, 13 *bis*, 13 *ter* et 13 *quater* de la loi n° 48-1360 du 1er septembre 1948 modifiée.

NOM :

DATE : |_|_| |_|_| |_|_|_|_|

SIGNATURE :

cerfa

N° 60/0145
Formulaire obligatoire en vertu des lois et règlements en vigueur Art. R 620-4 du Code du Travail

AVIS D'OUVERTURE D'UN CHANTIER DU BÂTIMENT DES TRAVAUX PUBLICS (1)

occupant au moins 10 SALARIÉS pendant plus d'une semaine

ENTREPRISE

NOM ou Raison sociale ______________________

Adresse : Rue ______________________ N° ______

Commune ______________ Département ______________ Tél. : ______________
(ou arrondissement pour Paris)

N° SIRET |_|_|_|_|_|_|_|_|_|_|_|_|_|_|

CHANTIER

LIEU (adresse exacte ou lieu-dit) ______________________ N° ______

______________ Département ______________ Tél. : ______________
(ou arrondissement pour Paris)

Nature des travaux (terrassement, gros œuvre, charpente, menuiserie, couverture, démolition, montage-levage) (2)

____

____

____

Date probable du commencement des travaux ______________________

Durée probable des travaux ______________________

Indiquer les risques particuliers ou exceptionnels (explosifs, appareil de levage, machines-outils, travaux à proximité des lignes électriques (2) ______________________

____

____

Effectif probable du personnel qui sera employé ______________________

Nom et qualité de la personne chargée des questions de sécurité ______________________

____

(1) Rayer la mention inutile.
(2) Souligner et compléter éventuellement

Date ______________ Signature ,

Cachet

Avis ouverture chantier

Mod. 543 166 - Berger-Levrault

Feuillet 1 destiné à la Caisse Régionale d'Assurance Maladie (CRAM)

cerfa
N° 90 ✱ 0189
00000

DÉCLARATION D'INTENTION DE COMMENCEMENT DE TRAVAUX (D.I.C.T.)

Décret n° 91-1147 du 14.10.1991

Référence de cette déclaration | Date de cette déclaration | Nom de la personne à contacter

ATTENTION : Le formulaire doit être reçu par les exploitants d'ouvrages **au moins dix jours*** avant la date de début des travaux.
Les exploitants disposent de 9 jours* à partir de la date de réception de votre déclaration, pour vous faire parvenir leur réponse.
Sans réponse après ce délai, vous pouvez entreprendre les travaux 3 jours* après l'envoi d'une lettre de rappel, à tous les exploitants concernés, confirmant votre intention.

* *Non compris dimanches et jours fériés.*

Destinataire

Référence de la demande de renseignements | Date de la demande | Référence de la réponse de l'exploitant ci-dessus

1 - DÉCLARANT

ENTREPRISE OU PARTICULIER

Nom et prénom, ou dénomination : ☐ Entrepreneur ☐ Particulier

Adresse (numéro, rue, lieu-dit, code postal, commune) :

Téléphone :

Télex :

Télécopie :

2 - TRAVAUX À RÉALISER

Afin de recevoir des exploitants d'ouvrages toutes les indications utiles, remplissez cette rubrique avec le maximum de précision.

2-1 EMPLACEMENT

Adresse (numéro, nom de la voie) ou localisation cadastrale (subdivision, numéro de parcelle, section, lieu-dit) :

Commune : Code postal

Je joins un croquis ou un plan donnant l'emplacement précis : ☐ OUI ☐ NON

2-2 NATURE

☐ Démolition, construction ☐ Abattage ou élagage d'arbres ☐ Fouilles ☐ Canalisation ☐ Autres
☐ Remblaiement, terrassement ☐ Drainage, sous-solage ☐ Carottage ☐ Curage de fossés ou de berges

Description des travaux :

Utiliserez-vous les moyens ci-dessous ?
☐ Explosifs
☐ Fusées ou ogives
☐ Brise-roches
☐ Engins de chantier
☐ Engins vibrants

Profondeur d'excavation s'il y a lieu :

2-3 CALENDRIER

Date prévue pour le commencement des travaux :

Durée probable :

3 - INFORMATIONS DEMANDÉES

- Position des ouvrages souterrains, aériens ou subaquatiques existants.
- Recommandations ou prescriptions techniques relatives aux conditions d'exécution des travaux.

712500 6I ▶ M1
IMPRIMERIE NATIONALE

Ministère de l'Equipement, des Transports et du Logement

DÉCLARATION DE TRAVAUX EXEMPTÉS DE PERMIS DE CONSTRUIRE OU DÉCLARATION DE CLÔTURE

cerfa N° 10073*01

(articles L. 422-2 ou L. 441-2 du code de l'urbanisme)

CADRE RÉSERVÉ À L'ADMINISTRATION

DATE DE DÉBUT POSSIBLE DES TRAVAUX JOUR MOIS ANNÉE	DATE DE DÉPÔT JOUR MOIS ANNÉE		DPT	COMMUNE	ANNÉE	N° DOSSIER
|_|_|_|_|_|_|_|_|	|_|_|_|_|_|_|_|_|	D T	|_|_|	|_|_|_|	|_|_|	|_|_|_|_|_|

1. DÉCLARANT

NOM, PRÉNOMS, OU DÉNOMINATION

NOM D'USAGE (le cas échéant)

TÉLÉPHONE |_|_|_|_|_|_|_|_|_|_|

PERSONNE MORALE (nom du REPRÉSENTANT LÉGAL ou STATUTAIRE)

ADRESSE (numéro et voie)

COMPLÉMENT D'ADRESSE

CODE POSTAL |_|_|_|_|_|

LOCALITÉ DE DESTINATION

2. TERRAIN - 21. Désignation du terrain

ADRESSE DU TERRAIN (numéro, voie ou lieu-dit)

CODE POSTAL |_|_|_|_|_| COMMUNNE

NOM DU PROPRIÉTAIRE DU TERRAIN (s'il est autre que le déclarant)

ADRESSE

CODE POSTAL |_|_|_|_|_| COMMUNNE

22. Cadastre

INDIQUER LA OU LES SECTIONS CADASTRALES ET, POUR CHAQUE SECTION, LE OU LES NUMÉROS DES PARCELLES

SUPERFICIE TOTALE DE LA OU DES PARCELLES CONSTITUANT LA PROPRIÉTÉ |_|_|_|_|_|_|_|_|

23. Situation juridique du terrain

Le terrain est-il situé dans le lotissement ? OUI ☐ NON ☐

NOM DU LOTISSEMENT OU DU LOTISSEUR

3. PROJET - 31. Antériorité éventuelle

Si le projet a déjà fait l'objet d'une déclaration de travaux ou d'une demande de permis de construire, indiquer ci-dessous son numéro

|_|_|_|_|_|_|_|_|_|_|_|_|_|_|_|

Si le terrain a fait l'objet d'un certificat d'urbanisme, indiquer ci-dessous sa date et son numéro

|_|_|_|_|_|_| |_|_|_|_|_|_|_|_|_|_|_|_|_|_|_|

32. Nature des travaux

321. ☐ MODIFICATION DE L'ASPECT EXTÉRIEUR D'UNE CONSTRUCTION EXISTANTE — FAÇADE ☐ RAVALEMENT ☐ AUTRE ☐

322. ☐ CONSTRUCTION NE CRÉANT PAS DE SURFACE DE PLANCHER

323. ☐ CONSTRUCTION CRÉANT UNE SURFACE HORS D'ŒUVRE BRUTE N'EXCÉDANT PAS 20 M² SUR UN TERRAIN SUPPORTANT DÉJÀ UN BÂTIMENT (ou serre de moins de 4 m de hauteur et moins de 2 000 m² de surface)

324. ☐ CONSTRUCTION OU OUVRAGE TECHNIQUE LIÉ AU FONCTIONNEMENT D'UN SERVICE PUBLIC

325. ☐ TRAVAUX À EXÉCUTER SUR UN IMMEUBLE CLASSÉ AU TITRE DE LA LÉGISLATION SUR LES MONUMENTS HISTORIQUES

326. ☐ HABITATION LÉGÈRE DE LOISIRS (HLL) N'EXCÉDANT PAS 35 M²

327. ☐ CLÔTURE

328. NATURE ET DESCRIPTION DES TRAVAUX PROJETÉS *(Indiquer notamment la nature et la couleur des matériaux apparents)*

CADRE RÉSERVÉ à l'administration

SUITE DONNÉE À LA DÉCLARATION

☐ opposition

☐ prescriptions (consultables en mairie)

☐ sans opposition

33. Densité de la construction

	Surfaces hors d'œuvre brutes (SHOB)	Surfaces déduites	Surfaces hors d'œuvre nettes (SHON)
BÂTIMENT(S) EXISTANT(S)			
BÂTIMENT(S) À DÉMOLIR			
BÂTIMENT(S) À CRÉER			

4. ENGAGEMENT DU DÉCLARANT

Je soussigné, auteur de la présente déclaration :
CERTIFIE exacts les renseignements qui y sont contenus et M'ENGAGE à respecter les règles générales de construction prescrites par les textes pris en application des articles L. 111-1 et suivants du code de la construction et de l'habitation sous peine d'encourir les sanctions pénales applicables en cas de violation de ces règles (articles L. 152-1 à L. 152-11).

NOM

Date et signature |_|_|_|_|_|_|_|_|

DEMANDE (FACULTATIVE) D'ARRÊTÉ D'ALIGNEMENT

Je demande que me soit délivré le ou les arrêtés d'alignement en application de l'article L. 112-1 du code de la construction et de l'habitation pour la ou les voies bordant le terrain désigné ci-dessus dans le cadre 2.

Date et signature |_|_|_|_|_|_|_|_|

Ministère
Chargé de l'Urbanisme
et de la Construction

DEMANDE D'AUTORISATION RELATIVE AUX CLÔTURES, AUX INSTALLATIONS ET TRAVAUX DIVERS

cerfa 1/3

N° 46-0388

La présente demande d'autorisation est exigée en application des articles L.441-2, L.442-1, R.441-1 et suivants, et R.442-1 et suivants du Code de l'urbanisme.

La demande et le dossier qui l'accompagne doivent être établis en QUATRE exemplaires et

- soit **DÉPOSÉS À LA MAIRIE** contre décharge ;
- soit **ENVOYÉS AU MAIRE** par pli recommandé avec demande d'avis de réception postal.

CADRE RÉSERVÉ À L'ADMINISTRATION

Date de dépôt

Jour | Mois | Année | C I | Dpt | Commune | Année | N° dossier

1. DEMANDEUR (le demandeur est le bénéficiaire de la future autorisation)

11. PARTICULIER

NOM, PRÉNOMS

ADRESSE : numéro, voie, lieu-dit

TÉLÉPHONE :

Commune

Code postal

Bureau distributeur

12. SOCIÉTÉ OU PERSONNE MORALE SERVICE PUBLIC

DÉNOMINATION

NOM DU REPRÉSENTANT LÉGAL OU STATUTAIRE

ADRESSE : numéro, voie, lieu-dit

TÉLÉPHONE :

Commune

Code postal

Bureau distributeur

2. TERRAIN (le terrain est l'îlot de propriété constitué par la parcelle ou par l'ensemble des parcelles contiguës appartenant à un même propriétaire ou à une même indivision).

21. DÉSIGNATION DU TERRAIN

ADRESSE DU TERRAIN (numéro, voie, lieudit, commune, département)

NOM ET ADRESSE DU PROPRIÉTAIRE DU TERRAIN (s'il est autre que le demandeur)

22. CADASTRE

SECTIONS CADASTRALES ET, POUR CHAQUE SECTION, NUMÉRO DE LA OU DES PARCELLES CONSTITUANT LA PROPRIÉTÉ :

SUPERFICIE TOTALE DES PARCELLES CONSTITUANT LA PROPRIÉTÉ :

S = m²

23. SITUATION JURIDIQUE DU TERRAIN

le terrain est-il situé dans un lotissement ? ❑ OUI ❑ NON

LOTISSEMENT AUTORISÉ LE

NOM DU LOTISSEMENT OU DU LOTISSEUR

DEMANDE D'ARRÊTÉ D'ALIGNEMENT : facultative (voir ci-dessous)

❑ Je demande que me soit délivré le ou les arrêtés d'alignement, en application de l'article L. 112-1 du Code de la construction et de l'habitation, pour la ou les voies bordant le terrain désigné au cadre 2.

DATE

SIGNATURE

Aucune construction ou installation ne peut être élevée en bordure d'une voie publique sans être conforme à l'alignement.
L'arrêté d'alignement permet au demandeur de connaître avec exactitude la ou les limites actuelles ou futures du domaine public routier en bordure du terrain sur lequel la construction ou l'installation est envisagée.
Cette demande sera transmise au(x) service(s) compétent(s). Le ou les arrêtés d'alignement seront adressés directement au demandeur.

(PC 152 - 1999)

3. TRAVAUX PROJETÉS (cocher la case appropriée et remplir la rubrique « caractéristiques des travaux » coorespondante)

NATURE DES TRAVAUX	CARATÉRISTIQUES DES TRAVAUX
① ☐ CLÔTURES À L'EXCEPTION : - des clôtures de chantier - des clôtures habituellement nécessaires à l'activité agricole ou forestière.	Dimensions *(longueur - hauteur)* - nature et couleur des matériaux utilisés
② ☐ Installation nécessaires aux parcs d'attractions et aux aires de jeux et de sports, dès lors qu'ils sont ouverts au public.	Dimensions - buts des travaux envisagés - nature et couleur des matériaux utilisés
③ ☐ Travaux nécessaires à la réalisation d'aires de stationnement ouvertes au public susceptibles de contenir au moins 10 véhicules. ☐ Dépôts de véhicules susceptibles de contenir au moins 10 unités. ☐ Garages collectifs de caravanes susceptibles de contenir au moins 10 unités.	Dimensions - buts des travaux envisagés - nature des engins - nombre de places - durée *(mettre : soit inférieure à trois mois, soit supérieure à trois mois)*
④ ☐ Affouillements et exhaussements du sol dont la superficie est supérieure à 100 m² et la profondeur ou la hauteur est supérieure à 2 mètres.	Dimensions - buts des travaux envisagés

Rappel des communes où l'autorisation est exigée

①

- POUR LES CLÔTURES :
  - communes dotées d'un plan d'occupation des sols rendu public ou approuvé.
  - communes comprises dans un périmètre sensible.
  - communes comprises dans une zone d'environnement protégé.
  - communes figurant sur une liste établie par arrêté du commissaire de la république et mise à la disposition du public, à la préfecture, à la direction départementale de l'équipement et dans les mairies des communes intéressées.

② ③ ④

- POUR LE GARAGE COLLECTIF DE CARAVANES :
  - toutes les communes
- POUR LES AUTRES TRAVAUX :
  - communes dotées d'occupation des sols rendu public ou approuvé.
  - communes comprises dans une zone d'environnement protégé.
  - communes figurant sur une liste établie par arrêté du commissaire de la république et mise à la disposition du public, à la préfecture, à la direction départementale de l'équipement et dans les mairies des communes intéressées, l'exception du domaine public.

PIÈCE À JOINDRE À LA DEMANDE

Doivent être joints à la demande :

1. Le plan de situation du terrain établi à une échelle comprise entre 1/5000 et 1/25000, comportant : l'orientation des voies de desserte avec l'indication de leur dénomination, des points de repère permettant de localiser le terrain. (Le plan d'assemblage du plan cadastral peut être utilisé).
2. Un plan sommaire des lieux, établi à une échelle comprise entre 1/100 et 1/1000 comportant les limites du terrain, l'emprise de l'installation ou des travaux projetés et l'indication des bâtiments de toute nature arbres existants sur le terrain.
3. Un croquis côté de la clôture , de l'installation ou des travaux projetés ; il est recommandé d'accompagner ce croquis d'une ou plusieurs photographies du terrain sur laquelle, ou lesquelles, est reporté le croquis de l'installation ou des travaux projetés.
4. Dans le cas où le demandeur n'est pas le propriétaire du terrain, JOINDRE les titres (ou autorisation du propriétaire), justifiant que le demandeur est habilité à réaliser les travaux envisagés.
5. Lorsque le demandeur, qu'il soit ou non propriétaire du terrain, confie à un tiers le soin de présenter la demande, JOINDRE l'attestation de mandat signée du demandeur.

4. ENGAGEMENT DU DEMANDEUR

Je soussigné, auteur de la présente demande, certifie exacts les renseignements qui précèdent. (L'attention du demandeur est appelée sur les articles L.480-4 et R.480-1 du Code de l'urbanisme relatifs aux sanctions pénales applicables en cas de violation des règles prescrites pour le présent régime d'autorisation.)	NOM DATE SIGNATURE

La loi n° 78-17 du 6 janvier 1978 relative à l'informatique, aux fichiers et aux libertés s'applique aux réponses faites à ce formulaire par les personnes physiques. Elle garantit un droit d'accès et de rectification pour les données vous concernant auprès de la mairie ou de la direction départementale de l'équipement.

MAIRIE DE PARIS

DIRECTION DE L'AMÉNAGEMENT URBAIN
ET DE LA CONSTRUCTION
SOUS-DIRECTION DU PERMIS DE CONSTRUIRE
17, BD MORLAND - 75181 PARIS CEDEX 04

TRAVAUX DE RAVALEMENT

AVIS IMPORTANT : La déclaration de ravalement doit être faite en trois exemplaires et être accompagnée d'une photographie des façades à ravaler en 3 exemplaires. Elle doit comporter un certain nombre de précisions (définies au verso) en vue d'accélérer la procédure d'instruction, notamment lorsque l'accord de l'architecte des Bâtiments de France est nécessaire, cas le plus fréquent.

La déclaration doit être déposée à l'adresse ci-dessus mentionnée au Bureau de l'information sur la Construction. Un récépissé de dépôt est délivré qui précise au demandeur dans quelle condition il sera donné suite à son projet.

NOTA : Les droits de voirie, s'il y a lieu, sont à la charge du demandeur. Depuis janvier 1992, les travaux de ravalement effectués sur le territoire de la Ville de Paris, à l'exclusion des ravalements liés aux travaux de réhabilitation ou de restauration, sont exonérés pendant les trois premiers mois de l'installation de l'échafaudage du droit d'occupation du sol et du droit d'échafaudage.

DÉCLARATION

Je soussigné (1) ____________________

(nom en lettres capitales et prénom usuel)

demeurant ____________________

____

(numéro, rue, lieudit, commune, département)

agissant en qualité de ____________________

déclare avoir l'intention d'entreprendre des travaux de ravalement sur un immeuble sis à Paris :

____

(numéro, rue, arrondissement)

dans le cadre : (2)

☐ d'une demande de Permis de Construire.

☐ d'une Déclaration de Travaux exemptés de Permis de Construire comportant notamment un ravalement.

☐ d'une Déclaration de Travaux exemptés de Permis de Construire concernant exclusivement un ravalement, et je m'engage à n'apporter aucune modification à l'aspect extérieur de la façade.

A ____________________

Signature

(1) La présente déclaration doit être formulée par le propriétaire, son mandataire ou la personne ayant qualité pour effectuer les travaux.
(2) Cocher la case correspondante.

RENSEIGNEMENTS NÉCESSAIRES À L'INSTRUCTION DU DOSSIER

Adresse des travaux : ______________________________

____

______________________________ Arrdt : ______________

NOM, Prénom et adresse de l'entrepreneur chargé des travaux : ______________

______________________________ Téléphone : ______________

S'il s'agit d'une société, Raison Sociale, Nature Juridique et adresse du Siège Social : ______________

______________________________ Téléphone : ______________

NOM, Prénom et adresse du Maître d'Œuvre : ______________________________

______________________________ Téléphone : ______________

Epoque approximative de la construction de l'immeuble : ______________

OUVRAGE(S) CONCERNÉ(S) PAR LA DÉCLARATION (2) : (3) :

- ☐ Façade(s)
- ☐ Pignon(s)
- ☐ Mur(s) aveugle(s)
- ☐ Lucarne(s)
- ☐ Oriel(s) (Bow-Window)
- ☐ Balcon(s)
- ☐ Toiture
- ☐ Souche(s)
- ☐ Mur(s) décoré(s)
- ☐ Mur(s) décoré(s) publicitaire(s)
- ☐ Devanture(s) de boutique(s)
- ☐ Autre(s) (1) : ______________________________

LOCALISATION DE(S) L'OUVRAGE(S) (3) :

Nombre de bâtiments concernés : |_|_| Nombre de façades |_|_|

Sur rue(s) |_|_| Sur cour(s) |_|_| Sur courette(s) ou jardin(s) |_|_|

Façades concernées :

- ☐ Rue(s)
- ☐ Cour(s)
- ☐ Courette(s) ou jardin(s)
- ☐ En limite(s) séparative(s)
- ☐ Autre(s) (1) : ______________________________

(1) A préciser

(2) Il est conseillé de joindre un descriptif des travaux

(3) Cocher les cases correspondantes (plusieurs cases peuvent être cochées)

NATURE DE(S) LA FAÇADE(S) ET MODE DE RAVALEMENT (2) (3) :

ÉTAT ACTUEL. Parements existants — ☐ Naturel — ☐ Déjà peint

☐ Pierre — ☐ Brique — ☐ Plâtre — ☐ Ciment

☐ Autres (1) : ____________________

____

ÉTAT PROPOSÉ

☐ Pierre — ☐ Plâtre

☐ Brique — ☐ Ciment

☐ Autres (1) : ____________________

☐ Brossage — ☐ Reprises { ☐ totales ☐ partielles

☐ Lavage — ☐ Piochage { ☐ total ☐ partiel

☐ Eau froide
☐ Eau chaude
☐ Vapeur
{ ☐ Sans pression ☐ Moyenne pression ☐ Haute pression

☐ Enduit { ☐ Plâtre ☐ Ciment ☐ Mortiers bâtards

☐ Autres (1) : ____________________

☐ Réparations — ☐ Peinture (4)

☐ Reprises

Observations (1) : ____________________

____

____

____

- Le sablage à sec et la peinture des façades en pierres de taille sont par principe INTERDITS.

- A l'occasion du ravalement des façades des bâtiments anciens, les modénatures ainsi que les balcons et volets d'origine devront être maintenus. Les revêtements en ciment gris sont interdits, ainsi que la peinture de la pierre de taille.
(Rappel de l'Art. U (-) 11.2 4° § du P.O.S.)

LÉGENDE :

(1) A préciser
(2) Il est conseillé de joindre un descriptif des travaux
(3) Cocher les cases correspondantes (plusieurs cases peuvent être cochées)
(4) Fournir 3 exemplaires de l'échantillon proposé

COULEUR DES OUVRAGES ANNEXES (3) : Peinture (4)

☐ Porte(s) ☐ Persienne(s) ☐ Balcon(s) ☐ Auvent(s)
☐ Fenêtre(s) ☐ Volet(s) ☐ Garde-corps ☐ Marquise(s)
☐ Echantillon(s)

NATURE DE(S) L'ÉCHAFAUDAGE(S) ET DURÉE DE POSE (3)

☐ Echafaudage en éventail Longueur :
☐ Echafaudage suspendu
☐ Echafaudage de pied
☐ Autre(s) (1) : ____________________ Saillie :

____

Donner les dimensions sur chaque voie (le cas échéant) |_|_|_| |_|_|_| |_|_|_| |_|_|_|

Durée de pose de l'échafaudage

LÉGENDE :

(1) A préciser
(2) Il est conseillé de joindre un descriptif des travaux
(3) Cocher les cases correspondantes (plusieurs cases peuvent être cochées)

(4) Fournir 3 exemplaires de l'échantillon proposé

CADRE RÉSERVÉ À L'ADMINISTATION

☐ Monument Historique (M.H.)
☐ Plan de Sauvegarde et de Mise en Valeur (P.S.M.V.)
☐ Champ de visibilité ou covisibilité
☐ Périmètre de 500 m
☐ Site classé
☐ Site inscrit
☐ Hors de ces emprises

N.B. : Les immeubles inscrits à l'inventaire supplémentaire des Monuments Historiques (I.S.M.H.) doivent faire l'objet d'un dépôt de PERMIS DE CONSTRUIRE. (Rappel des Art. L.422-4 et R.422-2 dernier § du Code de l'Urbanisme).

CADRE RÉSERVÉ À L'ADMINISTRATION

DATE DE DÉBUT DES TRAVAUX — DATE DE DÉPÔT — D T — DPT — COMMUNE — ANNÉE — N° DOSSIER

PREFECTURE DE POLICE
DIRECTION DE LA CIRCULATION,
DES TRANSPORTS ET DU COMMERCE

1er Bureau

DEMANDE D'AUTORISATION D'INSTALLATION D'APPAREILS DE LEVAGE (GRUES)

à adresser en trois exemplaires

à la PRÉFECTURE DE POLICE (Direction de la **C**irculation, des **T**ransports et du **C**ommerce)
(Arrêté n°96-10610 du 22 avril 1996, modifié, réglementant l'utilisation d'engins sur les chantiers)

L'attention des entreprises est attirée sur l'intérêt qu'elles ont à **remplir convenablement** la présente demande et à constituer le dossier conformément aux prescriptions des pages 2 et 3. **Les délais ne peuvent être réduits qu'à cette condition.**

Cadre à remplir par l'Entreprise

ENTREPRISE : Nom et adresse ....

....

Téléphone : .... **Nom de la personne à joindre :** ....

Télécopieur : .... Numéro d'inscription au Registre du Commerce et des Sociétés ....

CHANTIER : Adresse ....

Nature de l'immeuble à construire : .... Hauteur : ....

Ce chantier a-t-il déjà fait l'objet d'une demande d'autorisation de grues ? OUI – NON

Si OUI, date de la demande : ....

Y-a-t-il actuellement des grues installées à proximité du chantier ? OUI – NON

Cadre réservé à l'Administration

Décision de la Direction de la Voirie et des Déplacements (dans le cas d'une implantation sur la voie publique) :

MONTAGE :

Date de dépôt de la demande : .... N° d'enregistrement : ....

Date de la décision : .... Nature : AUTORISATION REFUS

En cas de refus, motif : ....

....

MISE EN SERVICE :

Date de réception du rapport technique : ....

Date de la mise en demeure interdisant l'utilisation de la grue : ....

CARACTÉRISTIQUES, MODE D'INSTALLATION ET HAUTEUR DES GRUES :

Référence sur le plan	Marque	Type	Longueur		Hauteur sous crochet (1)			Hauteur au-dessus du plus haut immeuble survolé (2)
					Sans ancrage ni haubanage		avec ancrage au bâtiment ou haubanage	
			Flèche	Contre-Flèche	Sur châssis avec lest	Sur tronçon scellé dans le sol		
A								
B								
C								
D								
E								

(1) Indiquer la hauteur sous crochet dans la colonne correspondant au mode d'implantation.

(2) Cette hauteur ne doit pas être inférieure à 2 mètres.

APPAREILS DONT LES AIRES D'ÉVOLUTION SE RECOUPENT :

Références sur le plan	Distance entre fûts (3)	Distance verticale entre flèches (4)

Observations

(3) La distance minimale entre deux fûts sera au moins égale à la longueur, augmentée de deux mètres, de la flèche qui, par sa hauteur, serait susceptible de rencontrer le fût de l'autre appareil.

(4) Il s'agit de la distance verticale entre le point le plus bas (crochet ou contrepoids) de la flèche la plus haute et le point le plus haut de l'autre flèche.

Cette distance ne doit pas être inférieure à 2 mètres.

Ayant pris connaissance des recommandations ci-après, pages 3 et 4,

Je soussigné, M. ....
(Nom en capitales)

....
(Qualité du signataire)

Certifie exacts les renseignements figurant à la présente demande.

A ...., le ....

REMARQUES IMPORTANTES :

I. Le respect des distances minimales de 2 mètres indiquées dans les renvois (2), (3) et (4) est une condition indispensable à la délivrance de l'autorisation de montage.

II. Il reste entendu que les charges ne doivent pas passer au-dessus de la voie publique ou d'une propriété privée et que l'autorisation est toujours accordée "sous réserve des droits des voisins".

III. Il est recommandé de ne pas utiliser, dans la mesure du possible, une grue disproportionnée à l'importance du chantier.

cerfa

N° 10138 * 01

CADRE RÉSERVÉ À L'ADMINISTRATION

DATE DE DÉPÔT JOUR MOIS ANNÉE		DPT	COMMUNE	ANNÉE	N° DOSSIER
	C A				

MINISTÈRE DE L'ÉQUIPEMENT,
DES TRANSPORTS ET DU LOGEMENT

DEMANDE D'AUTORISATION DE COUPE OU D'ABATTAGE D'ARBRES

(Article R. 130-2 du Code de l'urbanisme)

Cette autorisation est exigible en application du Code de l'urbanisme pour toute coupe ou abattage d'arbre dans les espaces boisés classés, dans les bois, forêts ou parcs de communes ou parties de communes où l'établissement d'un plan d'occupation des sols a été prescrit à l'exception des cas suivants :

- enlèvement par le propriétaire des arbres dangereux, chablis et bois morts,
- espace boisé classé soumis au régime forestier,
- espace boisé classé soumis à un plan simple de gestion agréé,
- coupe entrant dans des catégories définies par un arrêté du préfet.

Toutefois, dans les communes où un plan d'occupation des sols n'a pas été approuvé, la présente demande n'est pas nécessaire dans les cas suivants :

- autorisation délivrée en forêt de protection,
- autorisation délivrée relative aux coupes extraordinaires et au régime spécial d'autorisation administrative,
- approbation d'un régime d'exploitation normale bénéficiant d'avantages fiscaux,
- autorisation de défrichement accordée pour les gisements de produits minéraux importants.

La demande et le dossier qui l'accompagne doivent être établis en QUATRE exemplaires et

– soit DÉPOSÉS À LA MAIRIE contre décharge ;

– soit ENVOYÉS AU MAIRE par pli recommandé avec demande d'avis de réception postal.

Si plusieurs coupes échelonnées sur plusieurs années sont envisagées dans une même propriété, il y a lieu de remplir une demande d'autorisation par coupe.

1. DEMANDEUR (le demandeur est le bénéficiaire de la future autorisation)

11. DÉSIGNATION

NOM, PRÉNOMS :

ADRESSE : numéro, voie, lieu-dit

TÉLÉPHONE :

Commune

Code postal

Bureau distributeur

2. TERRAIN (le terrain est l'îlot de propriété constitué par la parcelle ou par l'ensemble des parcelles contiguës appartenant à un même propriétaire ou à une même indivision.)

21. DÉSIGNATION DU TERRAIN

ADRESSE DU TERRAIN (NUMÉRO, VOIE, LIEU-DIT, COMMUNE, DÉPARTEMENT) :

NOM ET ADRESSE DU PROPRIÉTAIRE DU TERRAIN (S'IL EST AUTRE QUE LE DEMANDEUR) :

22. CADASTRE

SURFACE INTÉRESSÉE PAR LA COUPE (en m^2) :

INDIQUER LA OU LES SECTIONS CADASTRALES ET POUR CHAQUE SECTION LE(S) NUMÉROS(S) DE LA OU DES PARCELLES :

23. DESCRIPTION DE L'ÉTAT BOISÉ

☐ Bois ou Forêt ☐ Parc ☐ Alignement (dans les espaces verts urbains)

NATURE DU BOISEMENT, ESSENCE, ÂGE, DENSITÉ, QUALITÉ, TRAITEMENT… :

3. COUPE OU ABATTAGE ENVISAGÉ(E)

31. DÉFINITION DE L'OPÉRATION

BUT DE LA COUPE OU DE L'ABATTAGE (GESTION NORMALE, AMÉLIORATION, RENOUVELLEMENT, RÉCOLTE DE BOIS, SÉCURITÉ etc.) : PRÉCISER :

NATURE DE LA COUPE OU DE L'ABATTAGE (EXTRACTION, RÉGÉNÉRATION, ÉCLAIRCIE, COUPE RASE...). DÉCRIRE L'OPÉRATION. PRÉCISER L'IMPORTANCE DE L'ABATTAGE PAR RAPPORT AU PEUPLEMENT QUI SUBSISTERA.

CONSISTANCE DE LA COUPE OU DE L'ABATTAGE

Essences	Nombre d'arbres par catégorie de diamètre ou de circonférence	Volume

ANNÉE D'EXÉCUTION

ÉPOQUE PRÉSUMÉE

32. TRAVAUX

TRAVAUX D'AMÉLIORATION, DE RENOUVELLEMENT OU D'ENTRETIEN QUE LE PROPRIÉTAIRE A L'INTENTION D'EXÉCUTER APRÈS LA COUPE OU L'ABATTAGE.

4. ENGAGEMENT DU DEMANDEUR

je soussigné, auteur de la présente demande, certifie exacts les renseignements qui précèdent.

NOM :

le
(Signature)

La loi n° 78-17 du 6 janvier 1978 relative à l'informatique, aux fichiers et aux libertés s'applique aux réponses faites à ce formulaire par les personnes physiques. Elle garantit un droit d'accès et de rectification pour les données vous concernant auprès de la Mairie ou de la Direction départementale de l'Équipement.

5. PIÈCES À JOINDRE

1. Si le demandeur n'est pas le propriétaire du terrain, le mandat du propriétaire ou les titres justifiant que le demandeur est habilité à procéder à la coupe ou à l'abattage d'arbres.
2. **Le plan de situation du terrain** établi à une échelle comprise entre 1 / 5 000 et 1 / 25 000 de format minimum 21 × 29,7. Donner le nom du massif le cas échéant.
3. Un extrait de la matrice cadastrale.

Ministère
de l'Equipement
des Transports
et du Logement

DÉCLARATION D'OUVERTURE DE CHANTIER

cerfa N° 46-0394

Dès L'OUVERTURE DE CHANTIER (1) la présente déclaration établie en TROIS exemplaires par le bénéficiaire du permis de construire doit-être :

- soit DÉPOSÉE contre décharge à la mairie de la commune où la construction est entreprise,
- soit ENVOYÉE au MAIRE par pli recommandé d'avis de réception postal.

EN CAS D'OPÉRATION DIVISÉE EN TRANCHES, CHAQUE TRANCHE FERA L'OBJET D'UNE DÉCLARATION D'OUVERTURE DE CHANTIER.

Direction Générale de l'Urbanisme, de l'Habitat et de la Construction

bénéficiaire :
adresse :
représenté par :
nature des travaux :
adresse des travaux :

permis de construire N° :
surface hors œuvre brute : m²
surface hors œuvre nette : m²
Nb de bâtiments :
Nb de logements :
Destination :

JE DÉCLARE LE CHANTIER OUVERT DEPUIS LE : |_|_| |_|_| |_|_|_|_| POUR :
jour mois année

☐ LA TOTALITÉ DES TRAVAUX

qui ont fait l'objet du permis de construire dont les références sont rappelées ci-dessus.

EN CAS DE CONSTRUCTION

DE PLUSIEURS LOGEMENTS *indiquer le nombre de logements par type de financement*	**D'UNE MAISON INDIVIDUELLE** *cocher simplement la case correspondante*	**NATURE DU FINANCEMENT**
|_|_|_|_|	☐	PRÊT EN ACCESION À LA PROPRIÉTÉ (P.A.P.)
|_|_|_|_|	☐	PRÊT LOCATIF AIDÉ (P.L.A.)
|_|_|_|_|	☐	PRÊT CONVENTIONNÉ (P.C.)
|_|_|_|_|	☐	AUTRE MODE DE FINANCEMENT

☐ UNE TRANCHE DES TRAVAUX

qui ont fait l'objet du permis de construire dont les références sont rappelées ci-dessus.

CONTENU DE LA TRANCHE COMMENCÉE

NOMBRE DE LOGEMENTS COMMENCÉS : |_|_|_|_|

LOCAUX NON DESTINÉS À L'HABITATION
SURFACE HORS ŒUVRE NETTE (2) : |_|_|_|_|_|_| m²

INDIQUER CI-DESSOUS
LE NOMBRE DE LOGEMENTS COMMENCÉS
PAR TYPE DE FINANCEMENT

NATURE DU FINANCEMENT	
PRÊT EN ACCESION À LA PROPRIÉTÉ (P.A.P.)	|_|_|_|_|
PRÊT LOCATIF AIDÉ (P.L.A.)	|_|_|_|_|
PRÊT CONVENTIONNÉ (P.C.)	|_|_|_|_|
AUTRE MODE DE FINANCEMENT	|_|_|_|_|

(1) Article R. 421-40 du code de l'urbanisme. ON ENTEND PAR OUVERTURE DE CHANTIER :
- Les installations de palissades autour du chantier,
l'arrivée du matériel,
les premiers travaux de terrassement, etc.

Le
Signature du bénéficiaire :

(2) Indiquer la surface hors œuvre BRUTE pour les travaux agricoles.

ATTENTION : Outre qu'il comporte des risques liés à un accident ou une malfaçon toujours possible, le recours à un travailleur non déclaré est passible des sanctions prévues par les articles L. 362-3 et R. 362-3 du Code du travail.
Au moment de l'ouverture de chantier, le bénéficiaire doit être en possession de la preuve qu'il a souscrit une assurance DOMMAGE-OUVRAGES : à défaut, il encourt des sanctions pénales, sauf s'il construit pour lui-même ou sa proche famille.

DANS LE DÉLAI DE 90 JOURS à compter du moment où les locaux sont utilisables, même s'il reste des travaux à réaliser, le propriétaire doit adresser une déclaration par local (maison individuelle, appartement, local commercial, etc.) au bureau du cadastre ou au centre des impôts fonciers (consulter ces services). Cette déclaration ne concerne pas les bâtiments agricoles. Elle permet de bénéficier de l'exonération temporaire de la taxe foncière de 2, 10 ou 15 ans. Si le propriétaire n'effectue pas cette déclaration, il perdra le bénéfice de cette exonération.

CADRE RÉSERVÉ AU MAIRE

TRANSMIS À
☐ Monsieur le Préfet (Direction Départementale de l'Equipement) ;
☐ Monsieur le Président de l'EPCI (Etablissement public de coopération intercommunale), le cas échéant.

OBSERVATIONS :

Le
Signature du maire :

PC 182-3

La loi n° 78-17 du 6 janvier 1978 relative à l'informatique, aux fichiers et aux libertés s'applique aux données nominatives portées dans ce formulaire. Elle garantit un droit d'accès et de rectification pour ces données auprès de la commune du lieu de construction.

10, rue Washington - 75008 PARIS
Tél. (1) 45 63 26 08 & 45 63 90 14 - Télécopie :01 45 63 16 78

EN CAS D'ACCIDENT

Téléphonez au ◆ ______

◆ à remplir en fonction des particularités locales : 15-18 - Secours médicalisés d'urgence...

et dites :

1 ***ICI CHANTIER*** ______
A (commune ou arrondissement) ______
N° ______ RUE ______
EN FACE DE ______
TELEPHONE ______

2 ***PRECISEZ LA NATURE DE L'ACCIDENT***
Par exemple : éboulement, asphyxie, chute...
ET LA POSITION DU BLESSÉ : le blessé est sur le toit, il est au sol ou dans une fouille...
ET S'IL Y A NÉCESSITE DE DÉGAGEMENT

3 ***SIGNALEZ LE NOMBRE DES BLESSES ET LEUR ETAT***
Par exemple : trois ouvriers blessés dont un qui saigne beaucoup et un qui ne parle pas

4 ***FIXEZ UN POINT DE RENDEZ-VOUS.*** Envoyez quelqu'un à ce point pour guider les secours.

5 ***NE PAS RACCROCHER LE PREMIER.*** Faites répéter le message.

A PREVENIR

INSPECTION DU TRAVAIL ______
OPPBTP ______
CRAM Sce PREVENTION ______
MEDECINE DU TRAVAIL ______

NUMEROS UTILES POUR L'ENCADREMENT

POMPIERS ______
SAMU ______
POLICE-GENDARMERIE ______
SECOURS EDF-GDF ______
CENTRE ANTI-POISON ______
MEDECIN ______
OPHTALMO ______

GARNIER IMPRIMEUR CONSEIL - DIJON - 80 71 35 45

cerfa

N°60-3682

DÉCLARATION D'ACCIDENT DU TRAVAIL

SÉCURITÉ SOCIALE

(Articles L 441.1 à L 441.4 et Articles R 441.2, R 441.3 et R 441.5) - (Décret du 17-12-85)

L'EMPLOYEUR ENVOIE À LA CAISSE DE RÉSIDENCE HABITUELLE DE L'ASSURÉ, LES 3 PREMIERS VOLETS DE LA LIASSE PAR LETTRE RECOMMANDÉE AVEC ACCUSÉ DE RÉCEPTION AU PLUS TARD 48 HEURES APRÈS AVOIR PRIS CONNAISSANCE DE L'ACCIDENT ET CONSERVÉ LE 4e VOLET AU DOS DUQUEL SE TROUVE LA NOTICE.

ATTENTION : L'accident a-t-il entraîné un arrêt de travail ? ☐ OUI ☐ NON

→ si oui, remplissez IMMÉDIATEMENT l'attestation de salaire S6202 par duplication avec le présent formulaire.

→ si non, remplissez uniquement cette déclaration.

EMPLOYEUR

Nom, Prénom ou raison sociale

Adresse

N° de Téléphone

CTN

ÉTABLISSEMENT D'ATTACHE PERMANENT DE LA VICTIME

(le chantier n'est jamais considéré comme établissement d'attache permanent)

Adresse

N° de Téléphone

N° SIRET de l'établissement

Groupes d'activités

Numéro de risque Sécurité Sociale figurant sur la notification du taux applicable à l'activité dans laquelle est comptabilisé le salaire de la victime.

RÉSERVÉ CPAM

VICTIME

N° d'immatriculation

CPAM

À défaut sexe Date de naissance

NOM, Prénom (suivi, s'il y a lieu, du nom d'époux)

ADRESSE

Nationalité ☐ Française ☐ C.E.E. ☐ Autre

Date d'embauche Profession

Qualification professionnelle Ancienneté dans le poste

L'accident a-t-il fait d'autres victimes ? ☐ OUI ☐ NON

ACCIDENT

Date Heure (H mn)

Horaire de travail de la victime le jour de l'accident de (H mn) à (H mn) et de (H mn) à (H mn)

Lieu de l'accident (1)

Circonstances détaillées de l'accident (1)

(indiquez, le cas échéant l'appareil, la machine ou le moyen de locomotion utilisé)

Siège des lésions (1)

Nature des lésions (1)

Victime transportée à

Accident ☐ constaté ☐ connu } le Heure ☐ par l'employeur ☐ par ses préposés ☐ décrit par la victime

☐ inscrit au regist. d'infirmerie le sous le N°

Conséquences : ☐ SANS ARRÊT DE TRAVAIL ☐ AVEC ARRÊT DE TRAVAIL (1) ☐ DÉCÈS

TÉMOINS

Nom, prénom et adresse

Un rapport de police a-t-il été établi ? ☐ OUI ☐ NON par qui ?

TIERS

L'accident a-t-il été causé par un tiers : ☐ OUI ☐ NON

Si OUI, nom et adresse du tiers

Sté d'assurance du tiers

Nom, prénom du signataire

Qualité

Fait à le

Signature

(1) Se reporter à la notice d'utilisation

UCANSS - "Édition 06/96" **S 6200f**

DÉCLARATION D'ACHÈVEMENT DE TRAVAUX

cerfa N° 46-0395

(Article R. 460-1 du code de l'urbanisme)

Ministère de l'Equipement, des Transports et du Logement

DANS UN DÉLAI DE 30 JOURS à dater de l'achèvement des travaux soumis à permis de construire - *y compris l'aspect extérieur des constructions (peintures et enduits extérieurs, etc.) et l'aménagement de leurs abords (clôtures, plantations)* - **la présente déclaration établie en TROIS exemplaires par le bénéficiaire du permis de construire doit être :**

- soit DÉPOSÉE contre décharge à la mairie de la commune du lieu de construction,
- soit ENVOYÉE au maire par pli recommandé avec demande d'avis de réception postal.

Direction Générale de l'Urbanisme, de l'Habitat et de la Construction

bénéficiaire :
demeurant à :
représenté par :
nature des travaux :
adresse des travaux :

Permis de construire N° :
Surface hors œuvre brute : m²
Surface hors œuvre nette : m²
Nombre de bâtiments :
Nombre de logements :
Destination :

JE DÉCLARE **L'ACHÈVEMENT** DEPUIS LE : |_|_| |_|_| |_|_|_|_| DE :
jour mois année

☐ **LA TOTALITÉ DES TRAVAUX**
qui ont fait l'objet du permis de construire dont les références sont rapelées ci-dessus.

☐ **UNE TRANCHE DES TRAVAUX**
qui ont fait l'objet du permis de construire dont les références sont rapelées ci-dessus.
CONTENU DE LA TRANCHE ACHEVÉE

NOMBRE DE LOGEMENTS TERMINÉS : |_|_|_|_|

LOCAUX NON DESTINÉS À L'HABITATION
SURFACE HORS ŒUVRE NETTE (1) : |_|_|_|_| m²

(1) Indiquer la surface hors œuvre BRUTE pour les locaux agricoles

Le
Signature du bénéficiaire du permis de construire :

À L'EXPIRATION D'UN DÉLAI DE TROIS MOIS après envoi de votre déclaration d'achèvement de travaux, si aucune décision ne vous a été notifiée, vous avez la possibilité de requérir de l'autorité compétente la délivrance du certificat de conformité par lettre recommandée avec avis de réception postal et copie, le cas échéant, au préfet (Cf. art. R. 460-5 du Code de l'Urbanisme).
La décision doit alors vous être notifiée dans le mois de cette réquisition. À l'expiration de ce dernier délai, si aucune décision n'est intervenue, le certificat de conformité est réputé accordé.

DANS LE DÉLAI DE 90 JOURS à compter du moment où les locaux sont utilisables, même s'il reste encore des travaux à réaliser, le propriétaire doit adresser une déclaration par local (maison individuelle, appartement, local commercial, etc.) au bureau du cadastre ou au centre des impôts fonciers (consulter ces services). Cette déclaration ne concerne pas les bâtiments agricoles. Elle permet de bénéficier de l'exonération temporaire de la taxe foncière de 2, 10 ou 15 ans. Si le propriétaire n'effectue pas cette déclaration, il perdra le bénéfice de cette exonération.

DANS LE DÉLAI D'UNE ANNÉE à compter de la déclaration d'achèvement des travaux et si la construction a été réalisée à l'aide d'un prêt conventionné ou avec l'aide financière de l'Etat (prêt aidé à l'accession à la propriété, prime à l'amélioration de l'habitat...), les logements devront être occupés dans les conditions réglementaires (ce délai peut être augmenté dans certains cas ; se renseigner auprès de la direction départementale de l'Equipement).

ATTESTATION DE CONFORMITÉ :

Dans le cas où les travaux ont été dirigés par un architecte ou un agréé en architecture, l'attestation de conformité ci-dessous devra être complétée, datée et signée :
Je soussigné :
demeurant à :
agissant en qualité ☐ d'architecte
☐ d'agréé en architecture

atteste qu'en ce qui concerne l'implantation des constructions, leur destination, leur nature, leur aspect extérieur, leurs dimensions et notamment leurs surfaces hors œuvre et l'aménagement de leurs abords, les travaux exécutés ont été réalisés conformément au permis de construire et aux plans et documents annexés à ce permis.

Le
Signature :

ANNEXE 3

ADRESSES UTILES

JC Decaux Succursale Paris-Palissade

19, quai Moulin-de-Cage

92230 Gennevilliers

Tél. : 01 40 80 53 40

Fax : 01 40 80 53 77

http://www.jcdecaux.fr

Association développement organisation qualité (ADOQ)

7, rue La Pérouse

75016 Paris

Tél. : 01 47 20 67 56

Fax : 01 47 20 67 59

Association française de normalisation (AFNOR)

11, avenue Francis-de-Pressensé

93571 Saint-Denis La Plaine

Tél. : 01 41 62 80 00

Fax : 01 49 17 90 00

http://www.afnor.fr

Association des industries de matériaux, produits, composants et équipements pour la construction (AIMCC)

3, rue Alfred-Roll

75849 Paris Cedex 17

Tél. : 01 44 01 47 80

Bureau d'études techniques de la circulation (BETC)

227, avenue Jean-Jaurès

75019 Paris

Tél. : 01 44 52 57 35

Confédération des artisans et petites entreprises du bâtiment (CAPEB)

46, avenue d'Ivry

75625 Paris Cedex 13

Tél. : 01 53 60 50 00

Fax : 01 44 53 25 10

http://capeb.fr

Centre d'études sur les réseaux, les transports, l'urbanisme et les constructions publiques

(CERTU)

9, rue Juliette-Récamier

69456 Lyon Cedex 06

Tél. : 04 72 74 58 00

Fax : 04 72 74 59 00

http://www.certu.fr

Comité national pour la sécurité des usagers de l'électricité (CONSUEL)

Espace Elec

CNIT – BP 11

92053 Paris-La-Défense

Tél. : 01 41 26 56 60

Fax : 01 41 26 56 78

http://www.consuel.com

Compagnie parisienne du chauffage urbain (CPCU)

16, rue des Bateliers

93400 Saint-Ouen

Tél. : 01 40 10 39 00

Fax : 01 40 12 45 26

Centre scientifique et technique du bâtiment (CSTB)

4, avenue du Recteur-Poincaré

75016 Paris

Tél. : 01 40 50 28 28

Fax : 01 55 74 04 83

http://www.cstb.fr

Les Cahiers techniques du bâtiment

17, rue Uzès

75108 Paris Cedex 02

Tél. : 01 40 13 30 30

Fax : 01 40 26 04 01

Division du stationnement payant

15, boulevard Carnot

75012 Paris

Tél. : 01 44 67 28 28

Direction de la circulation, des transports et du commerce (DCTC)

1er bureau

9, boulevard du Palais

75195 Paris

Fédération nationale du bâtiment (FNB)

33, avenue Kléber

75784 Paris Cedex 16

Tél. : 01 40 69 51 00

Fax : 01 45 53 58 77

http://www.ffbatiment.fr

La Fédération nationale des coordonnateurs SPS (FNCO)

69, avenue Henri-Dunant

77100 Meaux

Tél. : 01 60 01 27 09

Fédération nationale des sociétés coopératives de production du bâtiment et des travaux publics

88, rue de Courcelles

75008 Paris

Tél. : 01 55 65 12 20

Fax : 01 55 65 12 29

Fédération nationale de l'équipement électrique (FNEE)

5, rue Hamelin

75016 Paris

Tél. : 01 44 05 84 00

Fax : 01 44 05 84 05

Ordre des géomètres-experts fonciers

40, avenue Hoche

75008 Paris

Tél. : 01 53 83 88 00

Fax : 01 45 61 14 07

Fédération nationale des promoteurs constructeurs (FNPC)

106, rue de l'Université

75007 PARIS

Tél. : 01 47 05 44 36

Fax : 01 47 53 92 73

http://www.fnpc.fr

Fédération nationale des travaux publics (FNTP)

3, rue de Berri

75008 Paris

Tél. : 01 44 13 31 44

Fax : 01 45 61 04 47

http://www.fntp.fr

Fédération parisienne du bâtiment

10, rue du Débarcadère

75017 Paris

Tél. : 01 40 55 10 00

Fax : 01 45 74 12 47

Institut national de recherche et de sécurité (INRS)

30, rue Olivier-Noyer

75680 Paris Cedex 14

Tél. : 0140 44 30 00

Fax : 01 40 44 30 99

Laboratoire central des ponts et chaussées (LCPC)

58, boulevard Lefebvre

75732 Paris Cedex 15

Tél. : 01 40 43 50 00

Fax : 01 40 43 54 98

http://www.lcpc.fr

Mairie de Paris

17, boulevard Morland
75004 Paris
Tél. : 01 42 76 40 40
http://www.paris-france.org

Météo-France

1, quai Branly
75340 Paris Cedex 07
Tél. : 01 45 56 71 64
Fax : 01 45 56 71 70
http://www.meteo.fr

Le Moniteur des travaux publics et du bâtiment

17, rue Uzès
75108 Paris Cedex 02
Tél. : 01 40 13 30 30
Fax : 01 40 26 04 01
http://www.lemoniteur-expert.com

Organisme professionnel de prévention du bâtiment et des travaux publics (OPPBTP)

Tour Amboise
204, rond-point du Pont-de-Sèvres
92516 Boulogne-Billancourt Cedex
Tél. : 08 03 03 50 50
Fax : 01 46 09 27 40
http://www.oppbtp.fr

Organisme professionnel de qualification et de certification du bâtiment (QUALIBAT)

55, avenue Kléber
75784 Paris Cedex 16
Tél. : 01 47 04 26 01
Fax : 01 47 04 52 83
http://www.qualibat.com

QUALIFELEC

109, rue Lemercier
75017 Paris
Tél. : 01 53 06 65 20
Fax : 01 53 06 65 21
http://www.qualifelec.com

Service d'études techniques des routes et autoroutes (SETRA)

46, avenue Aristide-Briand
BP 100
92225 Bagneux Cedex
Tél. : 01 46 11 31 31
Fax : 01 46 11 81 00
http://www.setra.fr

BIBLIOGRAPHIE

- Dossier de Prévention n° 14, *Instructions pour la préparation d'un chantier avec grue à tour*, SAE, juin 1997.
- *Le Chantier : préparation, contrôles, gestion*, Jean Valsecchi – Éditions SEBTP, juillet 1997.
- *Guide des formalités à l'ouverture d'un chantier en région parisienne*, Chambre syndicale des entrepreneurs de construction de la région parisienne-Éditions Pro Construction, septembre 1998.
- *Conduire son chantier*, Jacques Armand et Yves Raffestin – Éditions du Moniteur, mai 1985.
- *Mémento du chef de chantier de gros œuvre*, M. Cabanes et les groupes de travail de l'Union nationale de la maçonnerie – Éditions SEDIMA, janvier 1977.
- *Mémento de l'entrepreneur du BTP*, Claude Vaillant – Éditions Le Moniteur, 1998.

- *Gestion administrative des chantiers*, Jean Valsecchi – Éditions SEDIMA, 1987.
- *Chantier de bâtiment – Préparation et suivi*, Bernard Vuillermé et Henri Richaud – Éditions Nathan, 1995.
- *Organisation et gestion de travaux* (polycopiés de cours et annexes TC2 et TC5), Bernard Chevasson – Professeur à l'ESITC Cachan, 1996.

INDEX

A

B

C

D

E

F

G

H

I

L

M

N

O

P

R

S

T

V

Z

Dépôt légal : février 2002
N° d'éditeur : 6725

Achevé d'imprimer le 23 janvier 2002
sur les presses de l'imprimerie «La Source d'Or»
63200 Marsat
Imprimeur n° 11111